JN307945

竹内正浩

Masahiro Takeuchi

カラー版

空から見える東京の道と街づくり

JIPPI Compact

実業之日本社

装丁／杉本欣右
本文デザイン&DTP／Lush!
企画・編集／磯部祥行

※本書に掲載した空中写真の上に書いてある地名や交差点名等は、現在と比較する観点から、平成二十五年二月現在のものを使用しているものがあります。空中写真撮影当時とは異なる場合があります。

はじめに

道路は誰しも身近な存在である。道路を利用しない人はいない。しかしその道路がどのようにできてきたか、ほとんどの人が知る機会はない。知ろうともしない。道路は道路。それ以上でも以下でもない。そう考える人がほとんどだろう。

道路が未来を示していた時代が確かにあった。その残像といえるのが、いまも道路が開通・供用される際に実施されるテープカットなどの華々しい式典だろう。その一方、壮大な道路プロジェクト実現の陰には、住宅地の収用など、少なからず〝痛み〟がともなうのも事実である。開通したばかりのピカピカの道があるかと思えば、造成途上のでこぼこの道、途中でストップした道……、違和感とともに頭の片隅に残る道の風景の記憶は、誰もがもっているのではないだろうか。

明治十年代後半の東京市区改正計画以降、「東京都市計画街路」は幾度も改定されてきた。明治二十一年（一八八八）に決定された東京市区改正条例に基づく事業を第一期とすれば、大正十年（一九二一）、都市計画法施行を背景に後藤新平市長の下で決定された「東京市政要綱」の事業が第二期、関東大震災直後の大正十三年三月決定の「復興計画街路」が第三期、そして昭和二年に決定した被災地域以外の都市計画街路決定が第四期に相当する。そして戦後の戦災復興計画が第五期で、現在も修正や微調整を繰り返しながら、道路計画は実施されている。私たちは、いまも過去の道路計画の成功と失敗を、身をもって感じながら、同時に現在進行形の道路計画のまっただ中にいるともいえるのである。道路計画を都市計画と読みかえてもいいだろう。好むと好まざるとにかかわらず、道路から目をそむけては東京を語れない。

私たちは道路というものについてどれほど知っているのだろう。

一例を挙げるならば、「歩道」である。明治に入るまで、東京には専用の歩道というものはなかった。東京で初めて車道と分離した歩道が設置されたのは、銀座だった。明治五年の銀座大火の後、復興過程で有名な銀座煉瓦街ができたとき、拡幅された銀座通りに歩道が設置されたのだ。夜道を照らし出す街路灯が設置されたもこのときである。明治七年、芝金杉橋と京橋の間に八五基のガス灯が建てられたのが始まりだった。

アスファルトの道路舗装も意外と新しい。昭和の始まりの年でもある大正十五年に施工された、銀杏並木が美しい神宮外苑の聖徳記念絵画館前の通りの舗装事業がはじまりだった。今では小さな路地のすみずみまできちんと舗装されているが、以前、町中の道といえばでこぼこで、日照りがつづけば砂塵がもうもうと立ち、雨が降るとぬかるんで大変だった。

道路の風景でいえば、「歩道橋」も忘れてはなるまい。都内のお目見えは意外に遅く、東京オリンピック約一年前の昭和三十八年（一九六三）九月だった。五反田駅前に設置された五反田横断歩道橋が初の歩道橋で、建設省主催で開通式が挙行され、子どもたちが橋上から一斉に風船を飛ばして祝っている。現在は通行量減少や老齢化、さらに耐震性の問題の事情もあり、撤去される歩道橋が急増しているが、この歩道橋は五反田駅東口に健在だ。

さまざまな道路のかたちがあり、そこには少なからず驚きがある。いささか大げさにいえば、東京の道路を知ることは、東京のグランドデザインの歴史や変遷を知ることでもある。本書は、道路開通前後を空中写真で対比したり、手つかずとなっていたり完成途上の道路計画について、実際の現場を訪ねたりしながら、東京の道と街づくりがひと目でわかる内容をめざした。

●目次

――第二部　政治の意志が見える道――

第一部　都市計画としての道

第一章　環状道路の過去・未来・現在

都市計画なくしては存在しない環状線

環状七号線、環状八号線という名はよく耳にするが、環状一号線から環状六号線はどこにあるのだろう。そんな疑問を抱いた人は少なくないはずだ。環状一号線から環状六号線ももちろんあるのである。それらはどこを走っているのだろうか。そのことを語る前に、東京の道路について少し振り返ってみよう。

二一世紀を迎えてなお、東京の道路の骨格は江戸時代の都市計画を引き継いでいる。震災や戦災で都心が幾度焦土と化しても、その町並みは、焼失前の基本的な枠組みを維持したまま、それらを拡張あるいは追加するかたちで復興されてきた。それは、近代の東京で、まがりなりにもほとんど唯一都市計画を成就させた後藤新平の構想した都市計画とて同じである。

しかしいうまでもないが、四〇〇年前の江戸と現在の東京が、まったく同じだなどというつもりはない。たとえば道路に関していうなら、現在の東京の都市計画道路は、明治二十年代の市区改正と大正後期の震災復興を経て、戦後の戦災復興計画で大枠が決まったものである。そのなかから環状道路の構想も生まれてきたのである。

環状道路構想の萌芽は、明治十五年（一八八二）七月に東京府知事に任命された芳川顕正《あきまさ》が主導した「市区改正意見書」の中にあった。この意見書が画期的だったのは、環状路を内外二本設定したことである。放射道路と環状道路を組み合わせる東京の道路交通体系は、すでにこの段階から形になっていたのである。東京の原形である江戸の町が、江戸城を中心とした同心円あるいは螺旋《らせん》状の形をしていたため、従来の街路をあまり変えずに改造するため、必然ともいえたのだろうが画期的だったことは確かだ。江戸幕府には環状路という考えはなかった。

ひとつめの環状道路は、両国橋から神田川沿いを西進し、外濠沿いに四谷《よつや》、溜池《ためいけ》を経て新橋停車場に到達していた。ほぼ江戸城下町郭内の輪郭に沿って半周するかたちだった。

もうひとつ外側の外周路は、高輪大木戸《たかなわおおきど》から芝車町《しばくるまちょう》・麻布《あざぶ》・青山・四谷・下谷《したや》・浅草を経て隅田川を渡り、源森川《げんもりがわ》（北十間川《きたじっけんがわ》）・大横川《おおよこがわ》沿いに南下し、仙台堀川沿いから門前仲町にいたる路線だった。江戸市街を示した「朱引《しゅびき》」に沿うようなかたちで周縁部をほぼ一周していたのである。

江戸城を中心として同心円状に市街が拡大した江戸だったが、こと街路に関しては、明確に環状路と意識して造成されたものはなかった。前述した芳川顕正の「市区改正意見書」こそ、放射道路と環状道路を組み合わせる現在の東京の道路交通体系の嚆矢《こうし》といえる計画だった。それは、江戸時代以来の通りを単に拡幅するだけではなく、自覚的に「環状道路」と再定義する新しさがあった。しかしこの計画は実現しないまま葬られた。

東京で「幹線環状街路」が初めて明文上登場するのは、明治維新後六〇年を経た昭和二年八月である。このとき発表された「東京都市計画街路」において、「幹線放射道路」と並び、幅員二二〜二五メートルの「幹線環状街路」が初めて指定された。「幹線環状街路」は、当時の説明では、「幹線環状道路ハ放射道路ヲ連結シテ都市計画区域ノ各地方ノ交通ヲ利便ナラシムルヲ目的トス、東京駅前ヲ中心トスル半径大凡《おおよそ》十哩《マイル》（約一六キロ）ノ圏内ニ於テ半径約四哩（約六・四キロ）以内ニ五条ノ環状道路ノ配置アルヲ以テ本計画ニハ其ノ外周ニ於テ土地ノ状勢、地方開発ノ情況並鉄道停車場ノ配置等ヲ考慮シテ約一哩半乃至《ないし》二哩ノ間隔ヲ以テ三線ノ環状道路ヲ設クルコトトシ、其ノ幅員ハ将来ノ交通状況ヲ慮リ二十二米《メートル》以上トセリ」とされていた。

当時の「市内」については、幅員一八〜三六メートルの道路一六本のほか、環状一号線（内堀通り）から環状五号線（明治通りなど）が配置された。さらに外側に「郊外」（郡部）を対象に、ちょうど震災被災復興地を取り囲むように幅員二二〜二五メートルの幹線放射道路一六本と幹線環状道路三本、さらに幅員一一〜二二メートルの補助線道路で構成された大小の道路が整備されている。「郊外」の環状道路は環状六号線（山手通り）から環状八号線までの路線である。なお、環状八号線は当初から東京西半部のみの半環状道路として計画されていた。

このときから環状道路整備が具体的に始まったといっていいだろう。東京市街地の街路は、放射道路と環状道路、さらにそれらを補完する「補助線街路」の三つに整理されたのである。

じつは、「東京都市計画街路」は、昭和二年度から昭和十一年度までの十ヶ年をかけて完成させる計画だった。しかし、昭和六年（一九三一）九月に勃発した満洲事変以降、予算を道路整備に振り向ける余裕はなくなっていく。そしてそれは対米開戦で決定的となった。たとえば、昭和七年度における東京府の予算に占める都市計画事業費は一八・九パーセントあったが、昭和十七年度になるとその割合は六・七パーセントに低下していた。もはや新規の都市計画道路建設に予算を割くことは不可能となっていたのである。それゆえ「東京都市計画街路」は、ほとんど未完成のまま、戦後にもちこされることとなる。

現在の環状道路の直接の基本計画は、終戦後の昭和二十一年三月に策定（戦災復興院告示）された東京の戦災復興都市計画だった。基本的な骨格は昭和二年に決定された震災復興計画を引き継いでいるが、道路の幅員が桁外《けたはず》れだった。環状線に関していえば、環状一号線（内堀通りなど）こそ幅員四〇ないし五〇メートルだが、環状二号線（外堀通りなど）の幅員は、なんと一〇〇メートルだった。以下、環状三号線（外苑東通り、言問《こととい》通りなど）は五〇メートル、環状四号線（外苑西通り、不忍《しのばず》通りなど）と環状五号線（明治通りなど）は各四〇メートル、環状六号線（山手《やまて》通りなど）

は八〇メートル、環状七号線は四〇メートル、環状八号線は四〇ないし五〇メートルである。大胆な復興都市計画の成功例として有名な名古屋市のさらに上を行く計画だった。

しかし東京では、こうした道路を造るための土地整理事業は、ほとんど実施されなかった。そのため壮大な計画はたなざらしにされたまま、時間だけがむなしく過ぎていった。もともとＧＨＱ（連合国総司令部）は、この戦災復興都市計画に否定的だった。あまりにも大がかりで、敗戦国にふさわしくないというのである。案の定というべきか、この大胆かつ壮大な計画は、昭和二十五年三月（建設省告示）に大幅に縮小。だが、道路計画自体は存続していた。東京都内の一般道路の都市計画道路の場合、放射道路が一号から三六号線まで、環状道路も環状一号線から環状八号線まで計画されており、東京の道路交通の基本的骨格は、都心から郊外を直結する放射線と、放射線を連結するように都心を中心にほぼ等距離を巡る環状線とを、クモの巣の縦糸と横糸のように格子状に組み合わせ、さらに幹線街路の補助的な役割を果たす補助線街路を張りめぐらせることで補完する構造だったのである。

放射線は旧街道に沿って計画されたものが多く、もとから何らかのかたちで道路形態が整っていたのに対し、環状線はまったく道路のない箇所に新たに計画されることが多く、放射線に比べて整備が遅れがちだった。しかも、都心と郊外を直結するため、地元住民がメリットを理解しやすい放射道路とは異なり、都心からほぼ等距離をぐるりと巡る環状道路の意義は、なかなかすぐには理解されにくい。

しかし放射道路だけでは、都市交通はうまくいかない。仮に東京が放射道路だけだったとしたら、都心部に自動車が集中して、すぐに大渋滞が発生する。大都市では、環状路はバイパス路として不可欠なのである。放射道路は、環状道路と組み合わされて、初めて円滑なものとなるのだ。

鉄道を思い浮かべてもらいたい。都心を環状運転する山手線と、郊外を半周している武蔵野線が存在しない東京の姿は想像できるだろうか。

そう、環状線建設をめぐる事情は、鉄道も道路と似た面がある。都心から放射状に郊外に延びる鉄道は、官鉄・民営とわず多数建設されたが、東京周辺で「環状線」と完全にいえるのは山手線のみである。この山手線にしたところで、現在のような環状運転の開始は大正十四年（一九二五）十一月。環状運転が実現するまでには、明治五年の鉄道開業から数えて半世紀以上の歳月を費やしている。

大正時代に浮上した、民間資本による大井町〜駒沢〜中野〜板橋〜北千住〜洲崎《すざき》を結ぶ半環状鉄道として計画された「東京山手急行電鉄」は結局実現せず、環状線的性格を持つ鉄道線は、昭和四十八年に開業した武蔵野線まで存在しなかった。東京都心から半径二〇キロ圏を半周する武蔵野線は、府中本町から接続する南武線と合わせて、通勤・通学路線として不可欠な大環状幹線としての地位を揺るぎないものとしているが、もともとは都心を迂回《うかい》する貨物線として計画されたものである。

環状道路の歴史とその系譜を振り返ることは、江戸が東京と名を変えた明治維新以降の都市計画の歴史を振り返るのとほとんど同じ意義をもつのである。

まがりなりにも開通した環状五号線から環状八号線

明治通りは、関東大震災の復興事業として計画され、予算管理上別枠とはなったが、震災復興期に造成された東京で初めての環状道路である。東京駅前を中心とする半径約四哩以内に設置すべき五条の環状道路のもっとも外側の路線で、戦後の復興都市計画の環状五号線とほぼ重なる。当時の市街地のほぼ外周をなぞるように建設されたこの道路は、昭和初期に大部分が幅員二二メートルで開通している。ほとんどが新規造成だった。念のため申し添えると、明治通りの「明治」は、開通当時の年号ではなく、沿線の明治神宮にちなむ。昭和時代に開通した通りであっても明治通りなのはそのためである。現在は、江東区夢の島から墨田・台東・荒川・北・豊島・新宿・渋谷の各区を経由して港区南麻布二丁目にいたる総延長約三三・三キロの道路となっている。

明治通りは、池袋から恵比寿までの西側部分はほぼ山手線の内側に沿う。そのため、非常に便利な路線だが、開通当初の幅員二二メートルでは手狭となっており、渋滞が日常化している。平成二十年（二〇〇八）に開通した東京メトロ副都心線の池袋〜渋谷間がちょうど明治通りの地下をルートとしたことにともない、地下鉄工事にあわせた拡幅工事が一部で実施されたほか、御苑通りなどのバイパス道路も数ヶ所で計画されている（四〇・四一ページ参照）。

都心から半径約七キロをとりまく環状六号線は、昭和二年（一九二七）八月に幅員二二メートルで計画決定された延長約二〇キロの都市計画道路である。現在大部分は山手通りとよばれ、品川区東品川の放射一八号線（海岸通り）から板橋区氷川町《ひかわちょう》の放射九号線（中山道）までの大部分の区間を山手線の外側に沿うように走る。

この道路は、比較的円滑に建設が進んだ明治通りとは異なり、完成までは紆余《うよ》曲折があった。昭和二年に計画が正式に認められたものの、その後ほとんど手つかずのまま終戦を迎え、戦後の昭和二十一年三月に、あらためて幅員八〇メートルを基調とする街路に拡張された。しかし昭和二十五年には計画が大幅に縮小、美観的要素を切り詰めるなどして、幅員四〇メートルの道路となった。ところが結局、大部分が幅員二二メートルという戦前の規格のままで開通していた。自動車が激増した昭和三十年代以降は、道路幅の問題をはじめ、既存の道路をつなぎ合わせたために生じた変形の平面交差点などを原因として、激しい渋滞が日常化する。

ようやく、といっていいだろう。豊島区要町《かなめちょう》と渋谷区松濤《しょうとう》間約八・八キロメートルにおいて、幅員を四〇メートルに拡張する工事が行われている（四二～四五ページ参照）。首都高速中央環状線と地下鉄大江戸線が通りの真下の地下を通るため、工事に合わせて拡幅が実施されたのである。最も下を通る大江戸線の深さは、なんと地下四〇メートル以上に達している。これは、一般のビルでは一〇階建て以上に相当する。

「環七」という略称で親しまれる環状七号線もまた、昭和二年の「東京都市計画街路」で初登場した環状道路である。大田区平和島を起点に、世田谷・杉並・練馬・板橋・足立・葛飾などの各区を経由して江戸川区臨海町にいたる、全線約五二・五キロの幹線道路である。場所や曜日などにもよるが、一日あたり六万から八万台もの交通量を誇る東京有数の大動脈だ。

この道路は、東海道、甲州街道などの放射線道路から流入する自動車を、環状七号線付近に配置されているランプを通じて分散する機能ももち、東京の交通・物流全般に大きな役割を担っている。全線が四車線以上で設計され、急カーブもなく、放射線道路などの主要道と交差する道路とは二七ヶ所、鉄道線路とは二一ヶ所を立体交差とした画期的な構造となっており、膨大な交通量の割に、渋滞は比較的少ない。平面交差ばかりの都心部の環状道路とは大きく異なっていたからであろう（四六〜四九ページ参照）。

環状七号線の整備は昭和二年から開始されたが、戦前の開通区間は、馬込《まごめ》周辺などわずか七キロあまりに過ぎない。ところが、東京オリンピックを控えた昭和三十五年から三十九年までの四年間で、大田区南千束《みなみせんぞく》から板橋区本町《ほんちょう》までの一五キロ余が一

時期	整備された環七の道路延長（キロ）
戦前・戦中期（昭和2～20年）	7.2
戦後期（昭和21～34年度）	12.2
オリンピック関連期（昭和35～39年度）	15.4
高度経済成長期（昭和40～47年度）	14.5
オイルショック期以降（昭和48～59年度）	7.9

《環状七号線の整備状況》

気に造成されている。羽田空港をはじめ、オリンピック競技会場の駒沢競技場や戸田漕艇場といった関連施設へのアクセス道路に指定されたからであった。環状七号線予定地の中でも用地買収などで多大な困難が予想されたこの区間が短期間で完成できたのは、ひとえに「オリンピック道路」という錦の御旗があったからにほかならない。

オリンピックが終わると、ふたたび環状七号線の建設スピードは緩慢になった。都知事が革新系に替わって、新たな道路計画に消極的だったこともある。騒音や新道、排気ガスなどの環境問題がクローズアップされた昭和四十年代は、そういう時代でもあった。自動車の急増や高速化にともない、交通事故死も激増。昭和四十年代半ばには交通事故死者が全国で年間二万人を突破し、当時のベトナム戦争になぞらえ、「交通戦争」という言葉が流行語となった。この時代、幹線道路整備に対する視線が冷ややかであったことは否定できない。

環状七号線の全線開通は、昭和六十年である。事業開始から完成まで、なんと五八年を費やしている。昭和三十九年の東京オリンピック終了から数えても二一年かかった計算になる。

環状七号線をさらに上回るスローペースだったのが環状八号線である。

この道路は、大田区の羽田空港を起点として、世田谷・杉並・練馬・板橋の各区を経由して北区岩淵町《いわぶちまち》にいたる、総延長約四四・二キロの、都区部のもっとも外側を走る環状道路である。内側を走る環状七号線（約五二・五キロ）より長さが短いのは、環状八号線が「環状」を謳いながら、実際には都心西側の半周道路のためだ。途中、高速湾岸線・第三京浜・東名高速・中央道・関越道など都心に接続する主要な幹線道路と結ばれており、郊外から都心に集中する交通を分散させる機能をもった重要な路線である。

最初に計画道路として名を連ねたのはほかの環状路と同じ昭和二年だが、戦前期を通じて具体的な路線の検討はほとんど行われなかった。昭和二十一年の戦災復興計画では、幅員四〇〜五〇メートルの道路としてあらためて計画されたが、昭和二十五年に二五メートルに縮小。本格着工は、戦災復興計画決定から十年後の昭和三十一年で、その後も工事は進展しなかった。

当時の沿線は茫漠《ぼうばく》たる武蔵野の風景が広がり、交通量も少なかった。限られた予算や資源が、飽和状態だった都心部の道路建設に優先して注ぎ込まれたからである。環状八号線沿線が宅地化され、工事が本格化するのは、第三京浜や東名高速、中央道、関越道といった都市間高速道路のアクセス道路としての価値が増した、昭和四十年代半ばの高度経済成長期以降であった。

最後まで残った未開通区間は、練馬区の笹目《ささめ》通り（井荻《いおぎ》トンネル）から目白通りまでと、練馬区の川越街道から板橋区の環八高速下交差点のそれぞれ二・二キロで、平成十八年五月に開通している（五〇〜五三ページ参照）。昭和三十一年の本格着工から五〇年、戦前の計画から数えると、七九年かかったことになる。

計画から七〇年。いまだに進捗中の環状二号線から環状四号線

それでも、である。環状五号線（明治通り）から環状八号線までの環状道路は、全線開通しただけよかったといえるかもしれない。まがりなりにも開通（拡幅）した環状一号線は別として、都心部の環状二号線から環状四号線までは、全線開通の見通しが立たないまま、戦災復興計画から数えても七〇年近い歳月が経過しているのだ。ただ、それが計画の完全放棄かといえばそうではなく、いまだに都心部の道路造成は、ほとんど地元住民しか知らぬまま、着実に進んでいるのが実情である。

環状四号線がその典型だろう。今なお都心部で家屋を取り壊して、少しずつ道路の造成や拡幅工事が行われているのである。ちなみに平成十六年（二〇〇四）に策定された最新の「区部における都市計画道路の整備方針」に盛られた環状四号線の事業予定区間は左ページの表のようになっている。

左表はまだ手つかずの区間となっているが、新宿区内の富久町《とみひさちょう》西交差点から若松《わかまつ》町《ちょう》（若松河田駅付近）にいたる区間と、新宿区の甘泉園《かんせんえん》公園下から神田川を渡り、文

事業予定区間	道路延長
高輪三～白金台三丁目（放射 19 ～放射 3）	1560 m
富久町～余丁町（放射 24 ～放射 6）	340 m
若松町～早稲田町（放射 25 ～補助 74）	700 m
音羽二～大塚二丁目（放射 26 ～放射 8）	430 m
本駒込六丁目付近（放射 9 付近～放射 10）	460 m
道灌山下交差点（補助 94 交差点付近）	100 m
荒川一～東日暮里一丁目（補助 90 ～常磐線）	450 m
大関横丁交差点（放射 12 交差点）	550 m
東向島交差点（放射 13 付近～放射 13 支 1 付近）	500 m
西日暮里五～一丁目（放射 11 付近～環状 5 の 2）	800 m

《環状四号線の事業予定区間》

京区の目白台二丁目交差点にいたる区間は、現在まさに造成中である（五四・五五ページ参照）。家屋が取り壊されてまもない造成箇所を歩くと、確かに道路が増えれば便利にはなるだろうが、今さら落ち着いた町を壊してまで、ここに道路を通す必要があるのかと、いささか懐疑的になるのも事実だ。

環状三号線も造成途上の道路である。外苑東通り、新目白通り、目白通り、言問通り、三ツ目通りといった名称で開通した区間も多いが、芝公園～浜崎橋～勝どきと文京区古川橋～小石川五丁目、文京区小石川植物園～台東区谷中《やなか》の区間では、事業化の目処は立っていない。

興味深いのは、未開通区間である文京区小石川五丁目と小石川植物園の間にはさまれた、四〇〇メートルほどの区間だけが開通していることだ（五六・五七ページ参照）。今は播磨坂《はりまざか》という名で知られる道路だが、ここもまた環状三号線の一部なのである。道幅は四〇メートルもあり、両側を二車線ずつの車道が通り、中央部はゆったりとした遊歩道となっている。珍しい公園道路となっているのは、この区間だけが、復興都市計画どおり施行されたからなのだ。

ここだけ開通できたのは、昭和二十五年（一九五〇）の復興計画の大幅縮小前に区画整理が進んでいたことが理由だった。当初は道幅四〇メートルの茫漠たる道路にすぎなかったが、昭和三十五年に坂の舗装が行われた際、ソメイヨシノの若木約一五〇本が植えられた。現在は立派な桜並木が中央部と両側の歩道の三列に並び、中央部には遊歩道が整備されている。戦災復興計画を立案した石川栄耀《ひであき》が意図した、公園道路の構想が実現した数少ない場所といえるのかもしれない。もっとも、この区間はほかの環状三号線のように「東京都道三一九号環状三号線」には指定されておらず、〃格下〃の「区道」（文京区道八九三号線）扱いとなっている。そして前述したように、前後の未開通区間が着工される見込みもない。ただ、環状三号線の予定区間上に高層建築が建てられないためだろう、播磨坂の先の目白通り沿いだけは、周囲が高層ビルに変貌した中で、環状三号線の道幅の幅四〇メートル分だけ低層の建物が残る。そこだけ空が広い。

環状三号線の一部である外苑東通りの六本木七丁目付近も、開通まで長期間を要した区間である（五八・五九ページ参照）。開通の障害となったのが、六本木トンネルの建設問題だった。原因は、予定区域上にある米軍施設（ヘリポートなど）である。東京オリンピックを控えた昭和三十六年三月に建設省から事業認可を受けたものの、なぜか着工にはいたらず、時間だけが経過したのである。部分着工にこぎつけたのは、認可の告示からなんと二九年後の平成二年七月、完成は平成五年であった。

六本木トンネルのすぐ南側にあるのが、六本木ヒルズの敷地を貫く麻布トンネルである。六本木トンネル未開通の影響で、麻布トンネルも長年不自然なかたちで供用されていた。このトンネルは、東京オリンピック関連事業として開通していたものの、北側に接続する六本木トンネルが開通していなかったため、平成のはじめごろまでは東側（現在の内回り側）を外回り（北行き）方向に走らせるかたちで、片側のみの一方通行だった。都心の一等地にもかかわらず、西側（現在の外回り側）のトンネルやその手前の車線は使用されることもなく封鎖・放置され、〝廃墟トンネル〟として知る人ぞ知る存在だった。この不思議な未完成トンネルと、トンネルの上にあった「メイ牛山のハリウッド化粧品」の文字は、怪談じみた都市伝説を帯びたスポットとして、記憶している人も多いのではないだろうか。

昨今話題なのが環状二号線である。といってもほとんどの人はピンとくるまい。ならば、「マッカーサー道路」といえばどうだろうか。ＧＨＱ（連合国総司令部）が虎ノ門のアメリカ大使館から竹芝《たけしば》桟橋までの軍用道路整備を要求したという俗説から名が生まれた「マッカーサー道路」。新聞などで話題のこの道路は、じつは環状第二号線の一部である。環状二号線とは、港区新橋四丁目から千代田区神田佐久間町《さくまちょう》一丁目を結ぶ幅員四〇メートル、総延長約九・二キロ（現在は埋立地の有明《ありあけ》方面が新たに加えられたため、約一四キロ）である。そのうち虎ノ門以北の大部分は外堀通りとなっているが、虎ノ門以南、赤坂一丁目から新橋四丁目までの一三五〇メートルについては、まったく整備がなされないまま時間だけが過ぎていたのだ。外堀通りと第一京浜を結ぶ区間である。

「マッカーサー道路」という占領時代を連想させる俗称とは裏腹に、この都市計画道路はもともと関東大震災復興の過程で計画されたものである。震災復興の対象となったということは、この地域もまた震災で焼失していたのである。ただし、震災復興案が予算の都合などで縮小する過程で、この地に幹線道路を通す計画はいったん断念された。ところが、大戦下の昭和十七年、内務省国土局計画課が都市計画道路の事業を復活、やがてこの地区は「建物疎開」の対象となり、道路予定地の建物は有無を言わさず取り壊されたのである。だが、延焼防止目的の建物疎開も虚しく、昭和二十年五月の空襲による戦災で地区の大部分が焼失した。

「マッカーサー道路」は、終戦後の昭和二十一年の戦災復興計画で正式に都市計画道路として決定したものである。昭和二十一年三月の段階では、環状二号線は幅員一〇〇メートルの街路として、都市美観に配慮した装飾的街路につくりあげることが意図されていた。しかし復興計画が大幅に縮小された昭和二十五年三月には、幅員四〇メートルの単なる幹線道路へと変わる。ただ、これすら当時は経済事情から後回しにされた。道路建設上致命的だったのは、建物疎開の際に収用した土地を、道路用地として保持することなく、もとの地権者に返還したことだった。

昭和三十年代に入っても、道路計画はオリンピック関連道路の整備対象になることもなく、昭和四十年代以降は、自動車社会への冷ややかな視線や公害問題などもあり、すっかり忘れ去られた感があった。そこに地価の高騰が追い打ちをかける。バブル期には、用地取得だけで二兆円以上かかると見積もられたという。絶句するばかりである。

ただ、その間にもその他の区間の環状二号線の造成・拡幅工事は進展し、神田佐久間町から虎ノ門までは、二〇世紀中にほぼ完成していた。さらに平成五年の都市計画で、環状二号線は汐留《しおどめ》から有明まで四・七キロの区間が延伸されたが、これも一部は着工されている。最後まで残った手つかずの区間が、虎ノ門～新橋間一三五〇メートルだったのだ。

幻の道路といわれていたこの区間がふたたび動き出したのは、一九八〇年代だった。まず、昭和五十六年の東京都全体の道路再検討作業のなかで、交通需給バランスから見て、この区間が必要不可欠な道路とされた。そして昭和六十二年六月に「臨海部副都心開発基本構想」を発表した東京都が具体的な計画を詰めるなか、環状二号線が臨海部への幹線道路のひとつとして位置づけられ、一気に有明までの延伸が整備されることになったのである。

そして平成元年、法改正により、いわゆる「立体道路制度」が創設され、土地の高度活用という大義名分を得て、道路の上に建物を建てることが可能になった。平成十年に市街地再開発事業として都市計画に組み込まれ、二年後、事業計画が決定し、プロジェクトが具体的に動き出した。着工は平成十七年である。環状二号線の道路部分は地下に通し、地上は遊歩道や建物が建つ予定だ。ルートの中ほどの虎ノ門一丁目に建設中の地上五二階、高さ二四七メートルの高層ビル建設も、森ビルの手で着々と進行している。

現在、道路工事が進むこの区域にも、半世紀前からつづく反対運動があった。事業用地には、直前まで約一七〇世帯約三三〇人が居住していた。この人たちは、この土地を離れたかったわけではけっしてないだろう。たとえ新しいマンションに居住空間が確保されたとしても、その喪失感を消すことはできまい。事業完成は平成二十九年だという（六〇・六一ページ参照）。

ところで、「環状六・五号」と俗称される道路があるのをご存知だろうか。正式名を「都道四二〇号鮫洲大山線《さめずおおやません》」といい、品川区の八潮橋《やしおばし》交差点（東大井一丁目）から板橋区の仲宿《なかじゅく》交差点（氷川町）を結ぶ総延長約二二・四キロ（全線開通時）の半環状道路である。もとは終戦後の昭和二十一年に補助第二六号線として計画された道路だった。途中は中野通りとなっているが、今なお目黒区や世田谷区、板橋区など数ヶ所で造成工事が進行している。全線開通の目処は立っていない。

この道路がクローズアップされたのは、昭和三十六年度を初年度として策定された「新道路整備五ヶ年計画」だった。五項目の重点方針のひとつに「補助線の整備」が挙がっていたが、そこには補助二六号線の整備が特記されていたのである。

いまなお未開通の区間に、品川区豊町《ゆたかちょう》二丁目付近がある（六二～六五ページ参照）。ちょうどここは、横須賀線と湘南新宿ラインの分岐地点で、その上を東急大井町線が直交し、さらにその上を東海道新幹線の高架橋がまたぐ鉄道の名所でもある。鉄道をはさんで延長六六五メートルの補助二六号線未開通区間では、すでに九八パーセントの買収が完了して、平成九年から着工されており、予定地の大半は更地となっている。しかし、鉄道線をアンダーパスで通す工事などが難航しており、二〇〇億円以上の工費をつぎ込んだものの、建設は途中でストップしたままだ。旧大間窪《おおまくぼ》小学校北側のトンネル工事区間は、水没状態となっている。この場所に立てば、都市計画のあり方というものに思いを馳せないわけにはいかない。

修正市区改正図　市区改正審査会案（部分）
（1/5000、明治 18 年の案　× 0.135、国立公文書館蔵）

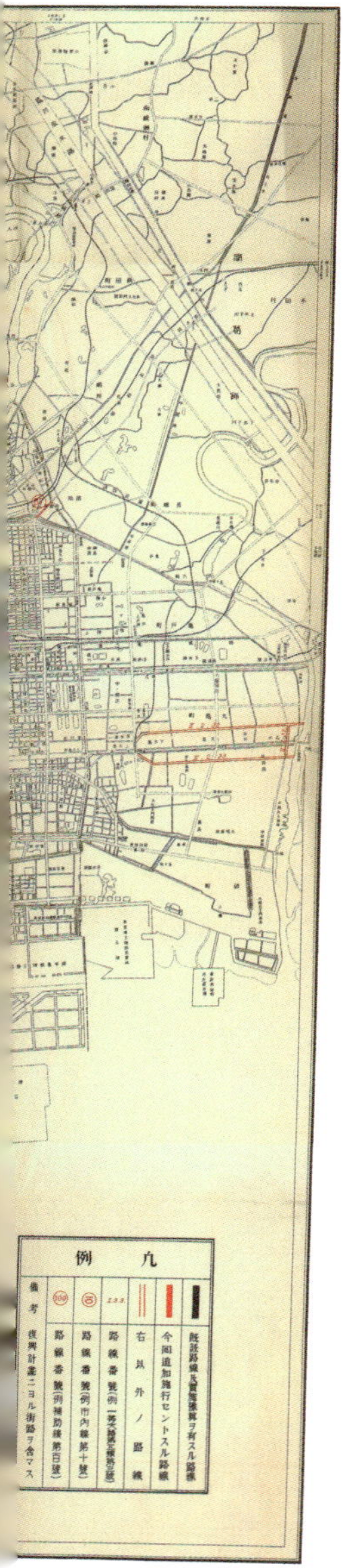

東京都市計画街路修築計画平面図に初めて現れた環状道路

(1/20000、昭和３年、東京市土木局　× 0.19
国立公文書館蔵)

関東大震災直後に実施された復興計画では、計画対象が被災地域に限定されていた。そのため、当時の道路計画は都心部や東部のみに限られた。昭和二年の東京都市計画街路修築計画が、北部や西部、南部に偏っているように見えるのは、震災復興計画の範囲外を対象としたために起きた現象である。当時､山手線の池袋、新宿、渋谷あたりは東京市外だったため、一部の連絡道路以外、計画から除外されている。東京市がいまの東京都区部とほぼ同じ区域となるのは、昭和七年十月である。

この図では、都心から外に延びる放射道路と、都心を同心円状に囲むような環状道路との関係が見てとれる。図面は修築計画対象分のみのため、新規着工の環状五号線（明治通り）などは赤線にはなっていないが、環状三号線や環状四号線の原形らしき道路が表示されるなど興味深い。

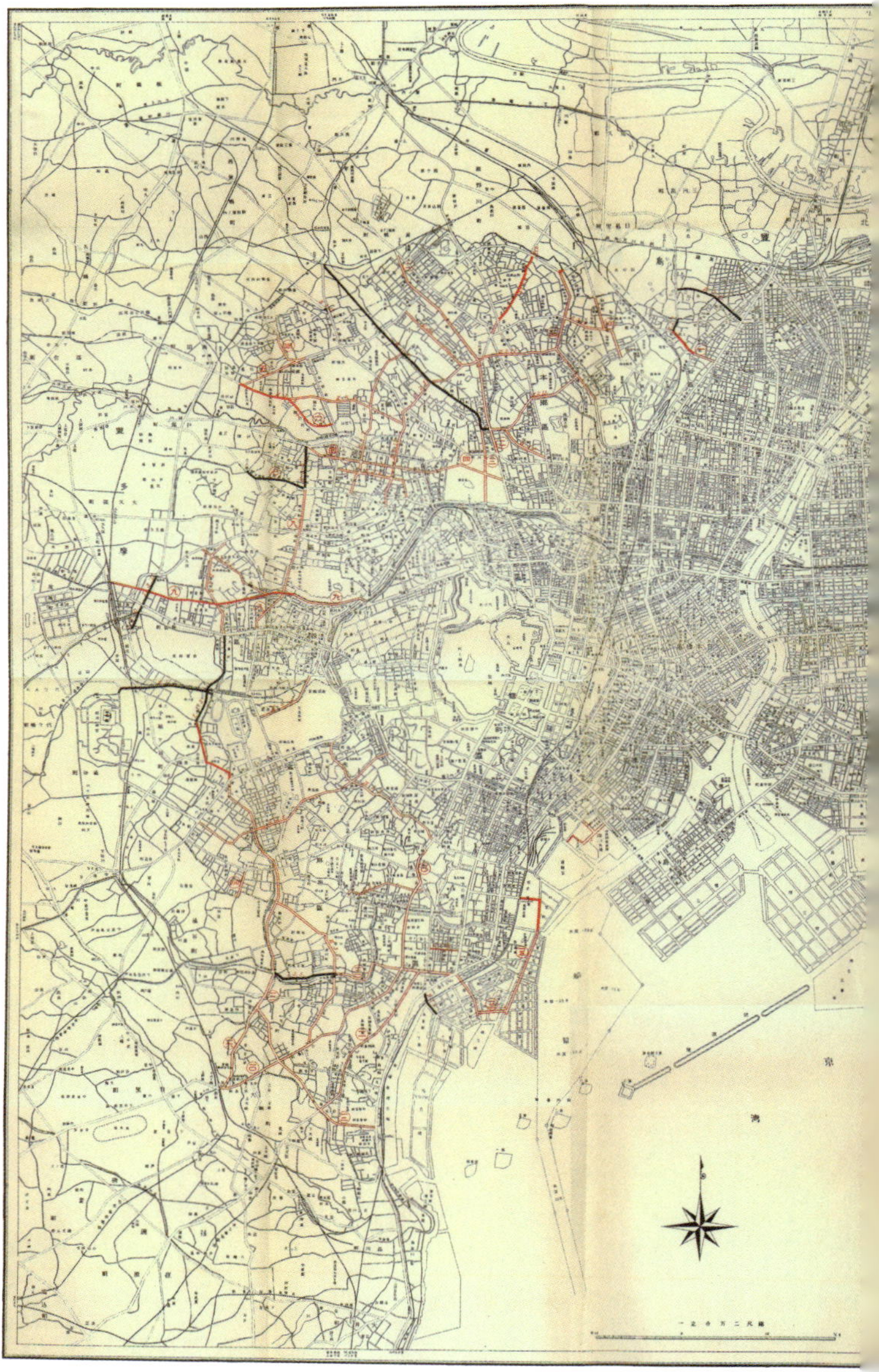
縮尺二万分之一

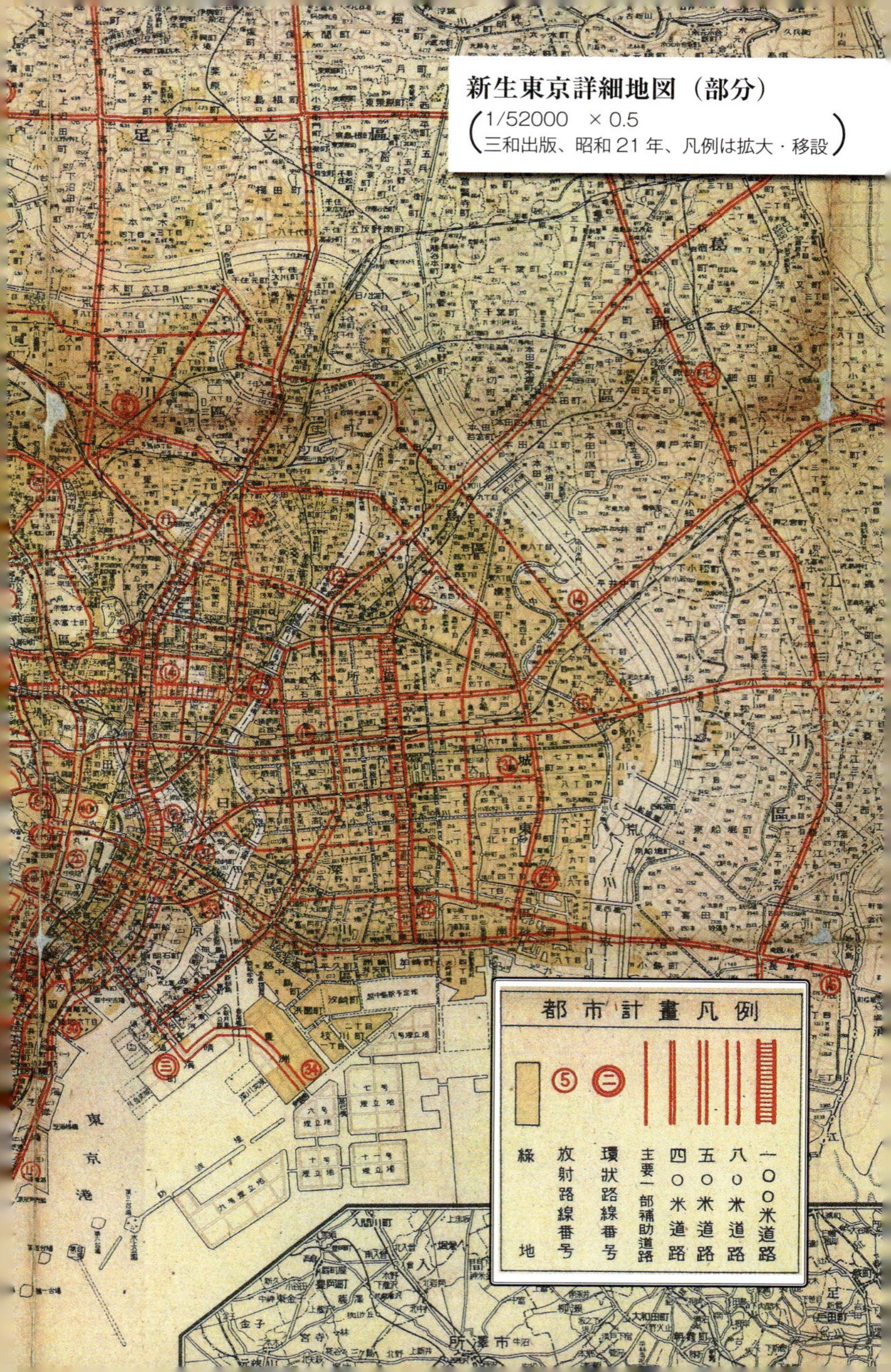

新生東京詳細地図（部分）
（1/52000　× 0.5
三和出版、昭和 21 年、凡例は拡大・移設）

板橋區
豊島區
淀橋區
杉並區
世田谷區
目黒區

花園神社
明治通り
伊勢丹
新宿三丁目
御苑通り
靖国通り
車道と歩道の間に並木もあり、明治通りよりも幅広い
甲州街道
新宿二丁目
新宿通り
工事中
新宿御苑

御苑通り（環状五号線）
（新宿区内藤町付近、平成 21 年）

山手通り（環状六号線）拡幅前
（新宿区落合付近、平成元年）

池袋
中井陸橋
中井駅
西武新宿線
所沢
妙正寺川
山手通り
早稲田通り
上落合三丁目
西新宿

山手通り（環状六号線）拡幅工事中
（新宿区落合付近、平成21年）

池袋↗
中井陸橋
中井駅
西武新宿線
←所沢
妙正寺川
中井陸橋は架け替え済みだが、現在とは車線が異なる。
山手通り
幅広い中央分離帯の両端に換気塔
早稲田通り
上落合三丁目
↙西新宿

中川
金町浄水場からの水道橋
青戸小学校
環七通りは工事中
橋の部分はすでに新線に切り替わっている
京成本線の高架化工事中
京成本線
青砥橋は橋脚の工事中
新中川
青砥駅
奥戸付近はまだ工事が始まっていない
中川

環七通り（環状七号線）工事中

（葛飾区青砥付近、昭和 54 年）

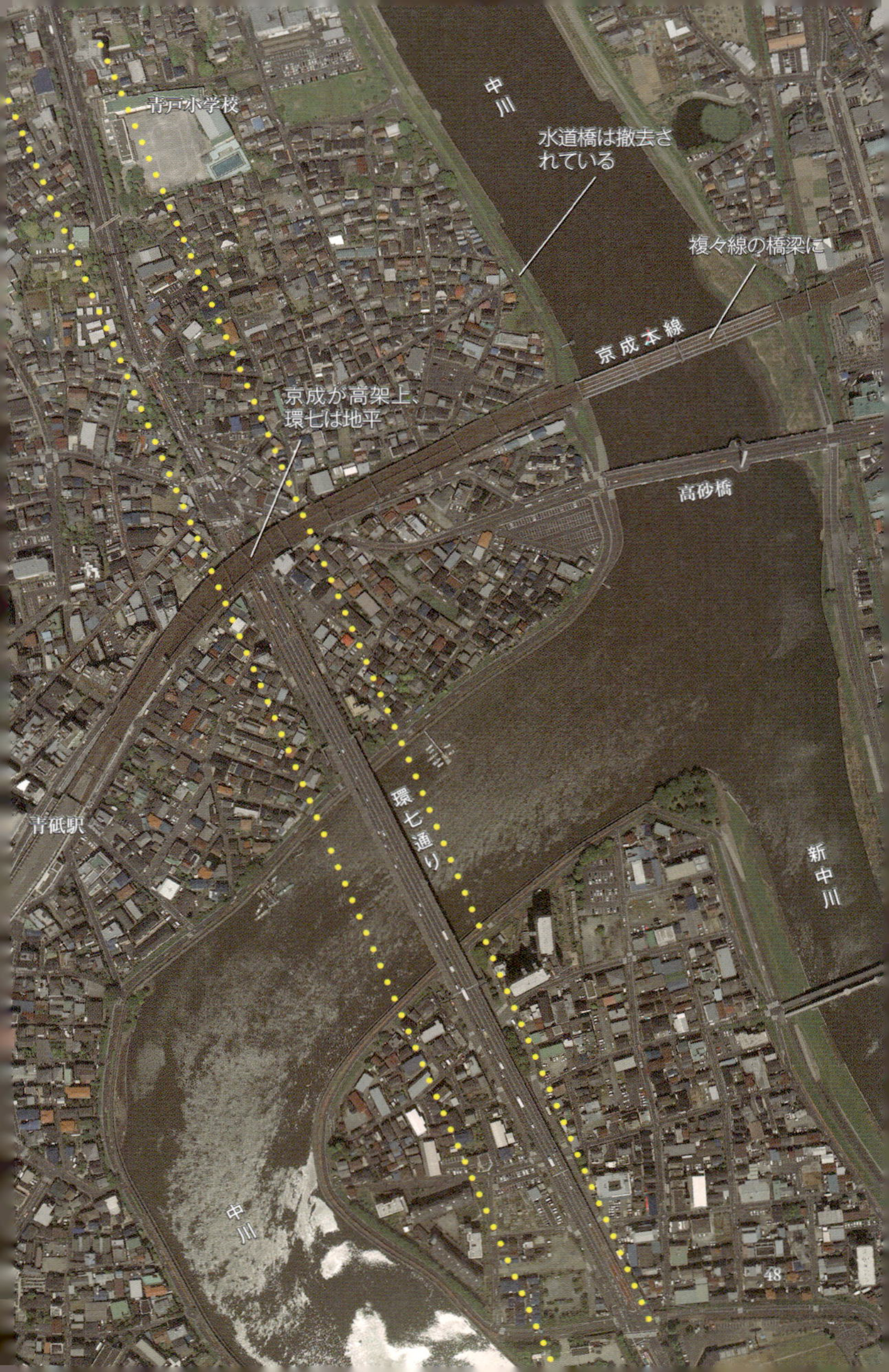

青戸小学校
中川
水道橋は撤去されている
複々線の橋梁に
京成本線
京成が高架上、環七は地平
高砂橋
環七通り
青砥駅
新中川
中川

環七通り（環状七号線）開通後
（葛飾区青砥付近、平成 21 年）

環八通り（環状八号線）予定地
（練馬区北町付近、平成元年）

川越市
既に用地は確保されている
自衛隊
練馬北町官舎
北町小学校
陸上自衛隊
練馬駐屯地
４車線が確保されている
環八通り
錦団地前
仲町小学校

環八通り（環状八号線）開通後
（練馬区北町付近、平成 21 年）

川越市
ここから北へは
地下にもぐる
自衛隊
練馬北町官舎
北町小学校
陸上自衛隊
練馬駐屯地
練馬北町陸橋
環八通り
錦団地前
仲町小学校

若松河田駅
余丁小学校
建物や敷地が
不自然な形
小笠原伯爵邸
抜弁天
建物が
不自然な形
余丁町通り
総合芸術高校
（建設中）
市谷台町
曙橋
道路用地が
確保されて
いる

環状四号線予定地
（新宿区若松町付近、平成 21 年）

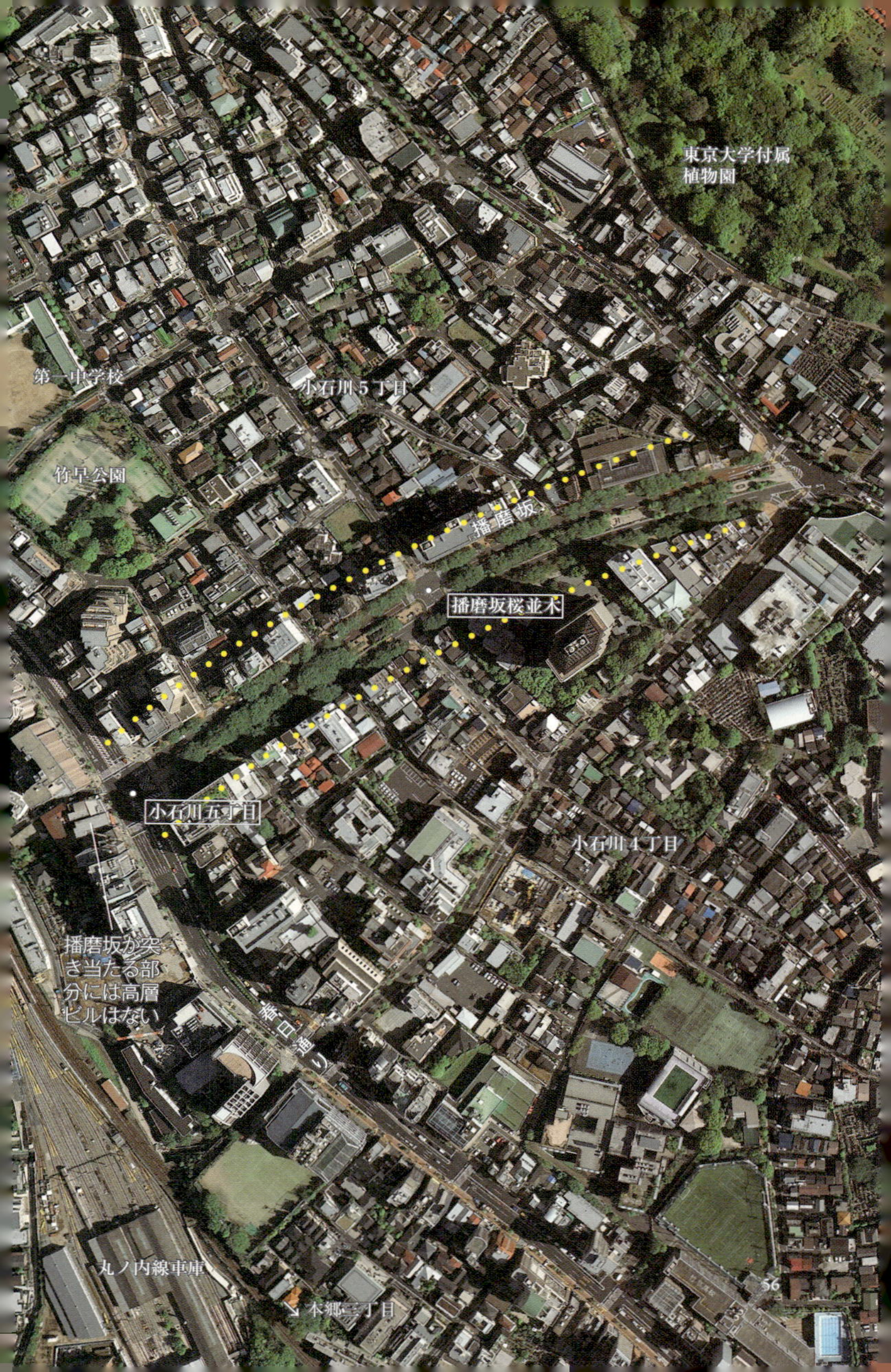
東京大学付属
植物園
第一中学校
小石川５丁目
竹早公園
播磨坂
播磨坂桜並木
小石川五丁目
小石川４丁目
播磨坂が突
き当たる部
分には高層
ビルはない
春日通り
丸ノ内線車庫
↘本郷三丁目

環状三号線開通部分　播磨坂

（文京区小石川付近、平成 21 年）

外苑東通り
現東京ミッドタウン
青山霊園
青山葬儀所
現国立新美術館
防衛庁（当時）
東京大学生産技術研究所（当時）
青山公園
六本木トンネル
米軍ヘリポート
麻布トンネル
首都高速3号渋谷線
現六本木ヒルズ

環状三号線未供用部分
六本木トンネル・麻布トンネル
（港区六本木付近、平成４年）

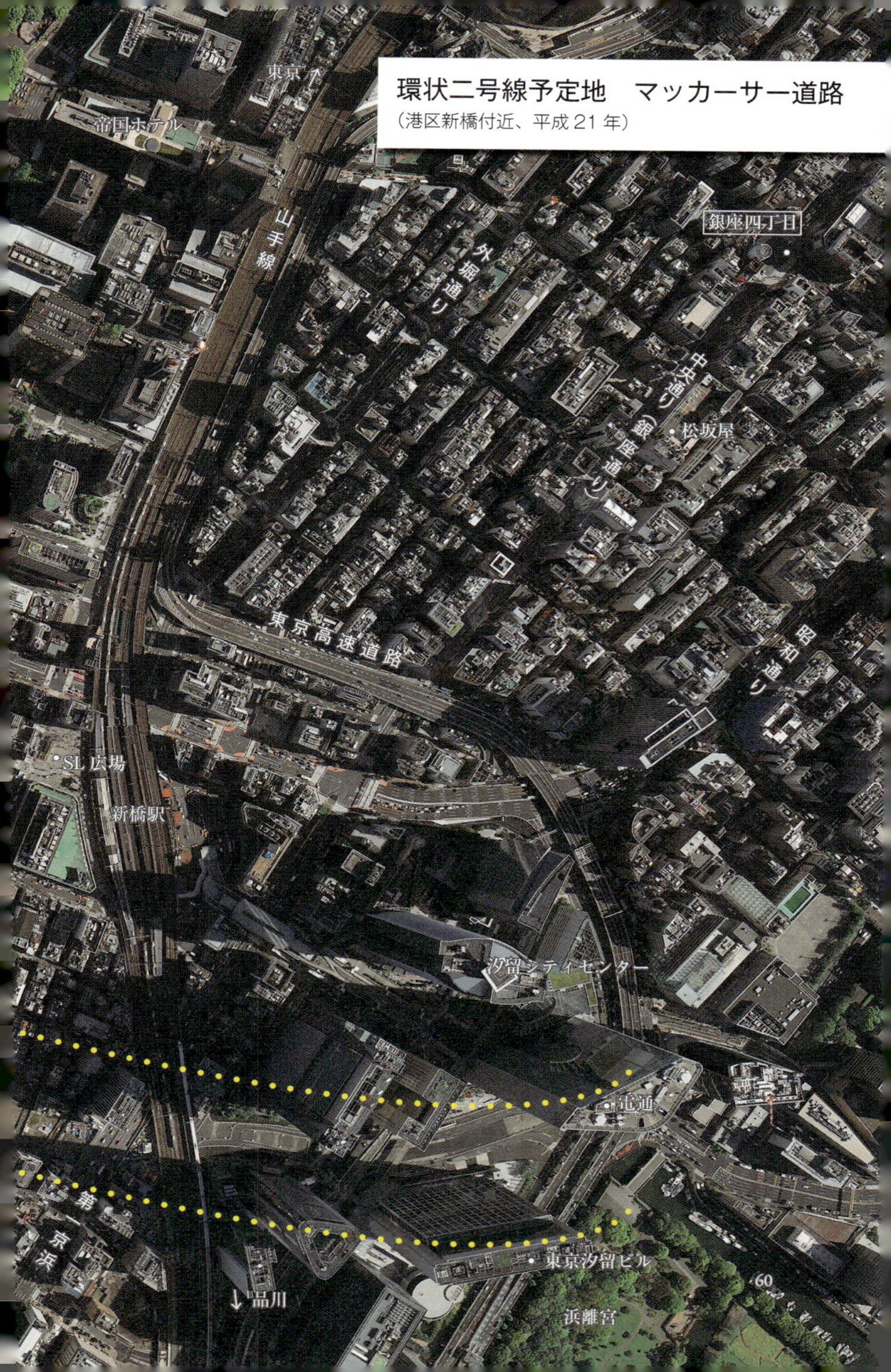

環状二号線予定地　マッカーサー道路
（港区新橋付近、平成 21 年）

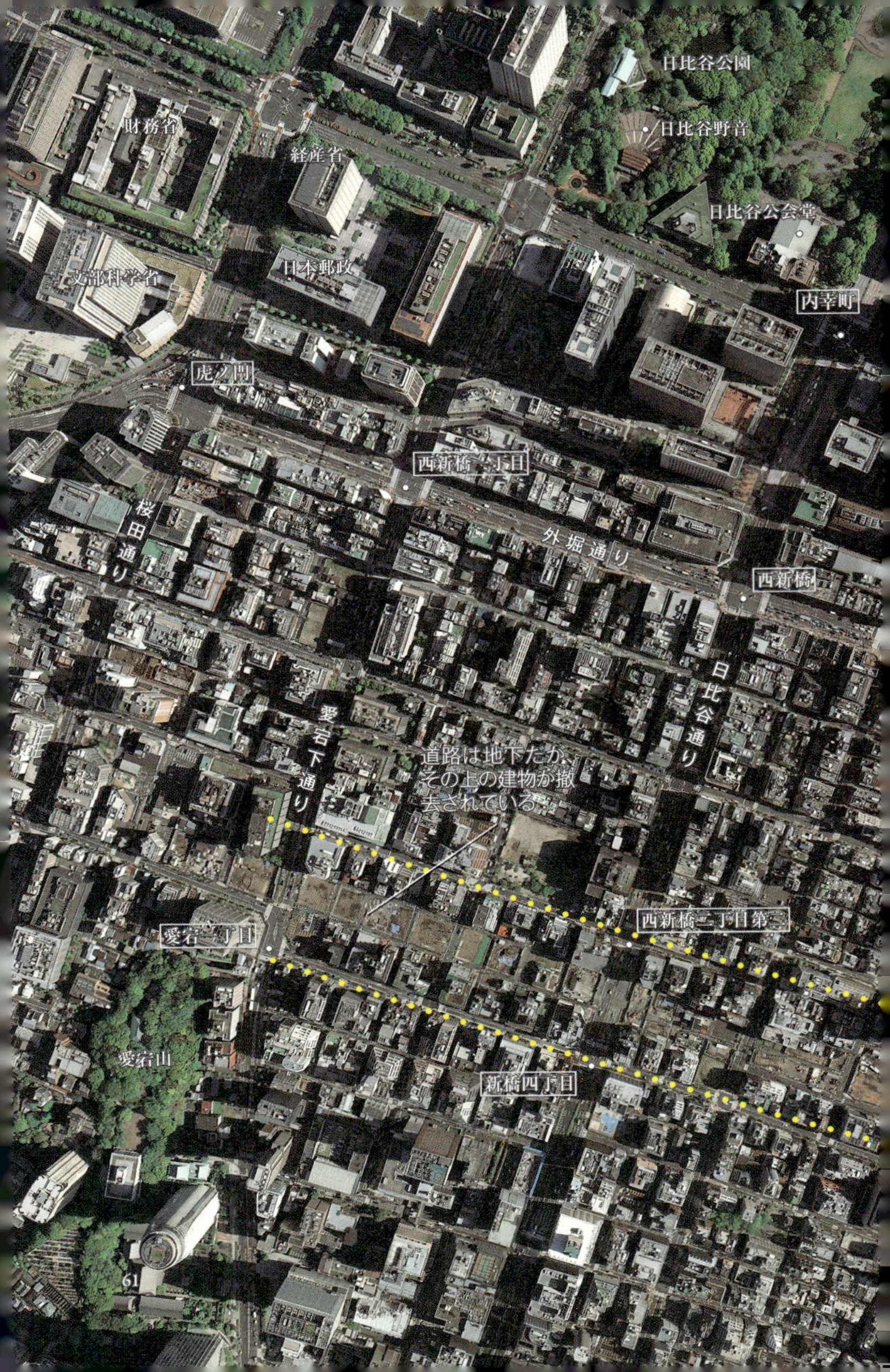
日比谷公園
日比谷野音
財務省
経産省
日比谷公会堂
日本郵政
文部科学省
内幸町
虎ノ門
西新橋一丁目
桜田通り
外堀通り
西新橋
日比谷通り
愛宕下通り
道路は地下だが、その上の建物が撤去されている
西新橋二丁目第三
愛宕一丁目
愛宕山
新橋四丁目

環状六・五号工事中
（品川区下神明付近、平成 21 年）

戸越小学校
戸越公園
この区間は地下を
通る
大崎高校
東急大井町線
←大岡山
豊葉の杜中学校
下神明駅
よく水没して
いる
旧大間窪小学校
ここから西側が
工事中
豊町
豊葉の杜小学校
東海道新幹線
横須賀線
西大井駅
↙横浜
ニコン大井製作所

東急大井町線の地下を通過する部分が建設されながらも、その先のJRを通過する区間が未完成のためいまだ供用にいたっていない環状六・五号線こと都道420号（補助第26号線）。遠くの高架橋はJR東海道新幹線。

上の写真の反対方向。奥の高架橋は東急大井町線。現地は工事中だが、ほとんど完工状態なのか、トンネル内への工事用車両の出入りが見られた。

工事途上の都道 420 号。フェンスに囲まれた内側は更地となっており、道路のように見えるが、これはアンダーパスの天井部分。開通後はどのように活用されるのだろうか。

都道 420 号の工事区間に近い東急大井町線下神明駅の広場。一部が囲われていて、そこには「補助第 26 号線」と書かれている。この都市計画の決定は昭和 21 年に遡る。

JR 東海道新幹線・湘南新宿ライン・横須賀線と都道 420 号の交差区間。頻繁に列車が通過する最も難工事の区間で、いまだ完成の目処が立っていない。

第二章　首都高・外環・圏央道　ハイスピードの環状線計画

五〇年前に策定されたネットワーク「三環状九放射」

戦後の爆発的な自動車の増加と高速化で都心の道路は飽和状態となり、従来の一般道路網だけでは急増する自動車をさばききれなくなった。そこで昭和三十年代後半から、日本でも高速自動車道路が登場することとなる。一般道と同じく、真っ先に整備されたのが都市間道路や都心部の放射道路だったが、やがて環状道路の計画が実行に移されるようになってゆく。

昭和三十八年（一九六三）、首都圏の道路交通の骨格として、「三環状九放射」のネットワークが計画された。三環状とは、首都高速都心環状線（当時既に工事中）の外側に位置する中央環状線・外環道・圏央道、九放射とは、東京湾岸道路・第三京浜・

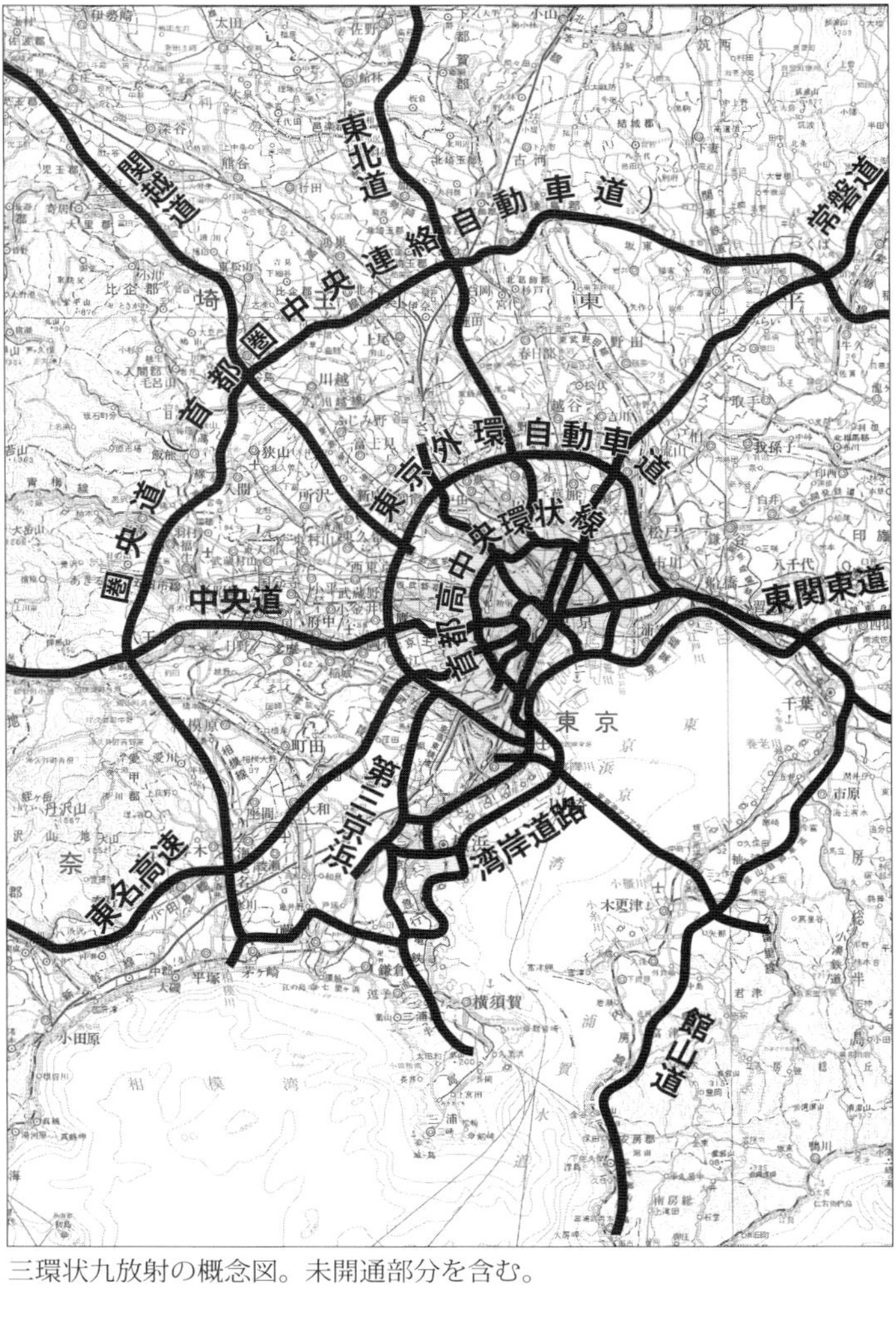

三環状九放射の概念図。未開通部分を含む。

東名高速・中央道・関越道・東北道・常磐道・東関東道・館山《たてやま》道である。放射路線は全線開通したが、環状路線は、計画から五〇年経った現在も、全線開通にはほど遠い状況がつづいている。

最初に開通した自動車専用の環状道路が、首都高速都心環状線である。この道路は、全長約一四・八キロ。東京の心臓部を、いびつな円環状（ひょうたん型）で一周する環状路線である。昭和三十四年八月に最初の路線網が建設省から認可された際、都心と環状六号線（山手通り）とを結ぶ放射路線とともに都心部の環状道路が設定されたのである。道路規格は全線が片側二車線と、合流部の車線増加などはまったく考慮されなかった。当時は、この程度の規模で事足りると、甘く考えていたのであろう。全線開通は昭和四十二年七月。

ところが自動車の激増は予想を大幅に上回るもので、すぐに首都高速の慢性的な渋滞となってはね返ってきた。当時は、急激な首都圏の人口増加と自家用車保有率の上昇、さらには産業の活発な設備投資にともなう工事や物流といった輸送需要の増加が見込まれており、都心の既存の交通網が昭和四十年ごろには飽和してしまうと予測されていたのだ。それは「昭和四十年危機」といわれたほどだった。

首都高速がまったく開通していない昭和三十六年三月の時点で、早くも東京都の首都交通対策審議会において、首都高速の延伸線・環状線の必要性が審議されていた。そして二年後の昭和三十八年三月に答申した建設省の大都市再開発懇話会の第一次中間報告では、以下のような環状線建設を主体とした具体策が提案されていた。

・市街地外周に外環状高速道路
・副都心と都心、副都心相互を連絡する道路（中央環状線）
・都心周辺に内環状高速道路（都心環状線北側部分のバイパス路線）
・内環状高速道路から外環状高速道路にいたる高速道路を数本配置

首都高速道路の交通量は、開通初年度の昭和三十七年度こそ一日平均約一万一〇〇〇台だったが、オリンピックが開催された昭和三十九年度には約六万一〇〇〇台に飛躍的に増加、都心環状線開業後の昭和四十三年度には約二一万二〇〇〇台という激増ぶりだった。ちなみに横浜延伸後の翌昭和四十四年度には約三二万三〇〇〇台に急増し、十年後の昭和五十三年度には一日平均約六八万八〇〇〇台を記録。現在は一日平均約九七万四〇〇〇台が首都高速を利用している。

昭和四十五年三月に首都圏整備委員会（総理府の外局）が公表した第五次首都圏既成市街地整備計画には、中央環状線や内環状線も含まれていた。同年から始まる政府の第六次道路整備五箇年計画には、中央環状線（一期）が新たに組み込まれ、ニクソンショックや急激な物価上昇といった経済環境の激変から二年前倒しで始まった第七次道路整備五箇年計画（昭和四十八～五十二年度）では、中央環状線全区間の事業化がはかられていた。そして直後の石油ショックにともなう「総需要抑制策」により大型公共事業のほとんどが凍結・縮小された中、新規事業のゴーサインが出たということは、いかに中央環状線整備が重要と見なされていたかがわかる。反面、このとき以降、内環状線の事業化は、今にいたるまでストップしたままである。

四二年かけて完成する首都高速中央環状線

中央環状線は、都心から約八キロ圏域を結ぶ全線約四七キロの都市高速道路である。昭和四十六年（一九七一）三月以降、葛西《かさい》ジャンクションから江北《こうほく》ジャンクションまでの東側区間から順次着工されていった。巨大プロジェクトが動き出したのである。

早期着工された東側区間（葛飾川口線と葛飾江戸川線）約二一キロは、昭和六十二年九月までに開通している。この区間の建設が比較的早く進んだのは、大部分が荒川などの築堤や河川敷上に高架橋を敷設する構造だったこともある。

途中の綾瀬川渡河部分には、公募をもとに名づけられた「かつしかハープ橋」が架橋され、アクセントとなっている。この橋は、二〇世紀末期に一世を風靡《ふうび》する斜張《しゃちょう》橋《きょう》の先駆けのひとつとなった。

さらに平成十四年（二〇〇二）十二月には中央環状王子線約七・一キロの区間が供用を開始、中央環状線は一気に豊島区の高松出入口まで延伸した。王子線の特徴は、ほぼ全区間が、上下二段の高架橋となっていることである。これは、明治通り（環状五の一号線）や中山道《なかせんどう》（国道一七号。放射九号線）などの拡幅工事と合わせながら、同時にそれらの道幅内に収めることで用地買収を最小限にとどめたいという苦肉の策である。王子線は昭和六十一年十一月に部分着工されたものの、バブル期の地価高騰や反対運動などにより、短距離にもかかわらず、完成までに一六年を要した。私自身、工事区間を幾度も通ったが、ストップしたままに見える高架を眺めながら、いったい完成させる気があるのかと思った記憶がある。

平成十九年十二月には高松出入口から高速四号新宿線と連絡する西新宿ジャンクションまでの中央環状新宿線が部分開通。さらに平成二十二年三月には大橋ジャンクションで高速三号渋谷線と結ばれ、中央環状新宿線約一一キロが全通している。すべての区間が山手通りのはるか下、深さ約三〇メートルの地下を掘り抜いた長さ一万九〇〇〇メートルのトンネル（山手トンネル）となっている（八二～八五ページ参照）。

こうして中央環状線は、計画路線の約四七キロのうち、葛西ジャンクションから大橋ジャンクションまでの約三七キロが結ばれたことになる。これにより、高速三号渋谷線（東名高速道路と接続）、高速四号新宿線（中央自動車道と接続）、高速五号池袋線（外環道と接続）、高速川口線（東北自動車道と接続）、高速六号三郷《みさと》線（常磐自動車道と接続）、高速湾岸線（東関東自動車道と接続）とそれぞれ結ばれ、都心環状線の恒常的渋滞が緩和された。

中央環状線の延伸により、都心環状線周辺の渋滞は解消に向かった。首都高速が「首都低速道路」や「有料駐車場」などと揶揄《やゆ》され、利用者の怨嗟《えんさ》の的となっていたことも、しだいに昔話になりつつある。

それでも、中央環状線最後の未開通区間が九・四キロ残っている。中央環状品川線である。この道路は、目黒区青葉台の大橋ジャンクションから山手通り（環状六号線）と目黒川の地下を南下し、品川区八潮の大井ジャンクションで高速湾岸線と接続する路線で、九割が地下のトンネルを走る。もっとも深い目黒川直下では、深さ四〇メートルの地下にトンネルがある。

品川線は平成十八年十一月に着工され、平成二十五年度中には開通する見込みとなった。昭和四十六年に着工されてから、四二年目の竣工ということになる。

数十年先を見据えた準備工事が施されている外環道と圏央道

東京周辺の自動車専用の環状路線には、中央環状線の外側に二つの路線が計画されている。それが、外環道（東京外環自動車道）と圏央道（首都圏中央連絡自動車道）である。都心環状線と中央環状線についての維持・管理は、首都高速道路株式会社（前身は首都高速道路公団）だが、外環道と圏央道は、東日本高速道路株式会社（NEXCO東日本。日本道路公団の分割民営化で誕生）が維持・管理を行っている。

「外環」の名で知られる東京外環自動車道は、都心から約一五キロの圏域を結ぶ環状道路である。予定路線まで含めれば、総延長は約八五キロに達する。ただし、東名高速から第三京浜を経て高速湾岸線まで連絡する約二〇キロの区間は、いまだルートすら決まっていない状態である。

現在、供用中の区間は、関越自動車道と連絡する大泉《おおいずみ》ジャンクションから三郷南インターチェンジまでの約三四キロ。その先、東関東自動車道の高谷《こうや》ジャンクション（仮称。以下同じ）までの約一六キロについては、九九パーセント以上の土地買収が終わり、工事が進行している最中で、途中には北千葉道路（国道四六四号・建設中）と接続する北千葉ジャンクションや京葉道路と接続する市川ジャンクションが設けられる。完工は平成二十七年度を予定している。一般の地図にはまだ新ルートの表示は見られないが、空中写真を眺めると、あたかも竜巻が通り抜けたかのごとく、家屋が幅数十メートルにわたって取り払われた更地が蜿々《えんえん》とつづいており、ルートが一目で判明する（八六・八七ページ参照）。

東京都内の区間のうち、関越自動車道と接続する大泉ジャンクションから東名高速と接続する東名ジャンクション（世田谷区）までの約一六キロの区間については、昭和四十一年（一九六六）七月に計画が決定していたが、環境悪化を懸念する沿線住民や地元自治体の反対で長年凍結されていた。平成十九年（二〇〇七）に地下約四〇メートルという大深度地下を活用したトンネル方式に計画を変更。以降、急速に建設の機運が高まり、平成二十四年九月には、東名ジャンクション予定地で着工式が行われた。国土交通省や東日本高速道路などは、招致を進める平成三十二年の東京オリンピックまでには完成させたいとしているが、見通しは不透明だ。

世田谷区喜多見《きたみ》三丁目付近を走る東名高速道路には、開通当初から路肩部分を拡幅した場所がある。上から見ると、俗に〝耳〟と呼ばれるイカの部位（じつはヒレ）に似ていることから〝イカの耳〟とも呼ばれるが、この部分は、将来の新規路線や出入口との接続を想定した分岐予定地であることを示している。実際、〝イカの耳〟の先には東名高速と外環道との接続道路が取り付けられ、すぐ東側の位置（大蔵《おおくら》五・六丁目）に将来東名ジャンクションが予定されている（八八・八九ページ参照）。同様に、中央自動車道三鷹料金所東の三鷹市北野付近にも昭和五十一年の開通当初から〝イカの耳〟があった。これも外環道の中央ジャンクションを見越してのことだろう。これらの〝イカの耳〟を見ると、道路計画と行政の射程の長さというか、一種の〝執念〟とでもいうべきものを感じてしまう。

ところで外環道は、昭和三十年代前半から必要性が認識されていたようだ。初めて具体名が登場するのは、昭和三十六年三月の都知事の諮問機関「首都交通対策審議会」が提出した首都交通対策についての答申案にある「環状路線の整備」のくだりで出てくる「外環状線の新設」の語句である。この文章は「区部周辺に長距離高速道路をうける環状線を設けるべきである」とつづき、のちの外環道の構想をほぼ先取りしている。

じつはこれに先立つ昭和三十五年春ごろ、第三京浜道路の具体的な検討にあたり、自動車専用道をどのように都区部との交通と結びつけるかが大きな課題となっていた。ことは第三京浜一本だけではなかった。その後続々と開通することになる東名高速道路・中央自動車道・東北自動車道などと都区部の道路交通との連絡を円滑にする方法が問題になっていた。これら長距離の都市間高速道路が六車線だったのに対して、首都高速は四車線で計画されていたことも、新たな道路対策を必要とした。その中で浮上したのが、外郭環状道路構想だった。

昭和三十五年八月から十二月にかけて、世田谷区から練馬区にかけての都内のルートが検討されることになった。結果、A・B・C・Dの四ルートが比較の対象となった（七九ページ参照）。Aルートは最も都心寄りの東側に位置し、環状七号線と環状八号線の中間を通る。すでに市街化されており、完成までには多大な困難が予想された。Bルートは、ほぼ環状八号線に沿っていたが、途中、緑地地域を多く通過する。Cルートは、もっとも蛇行しており、西寄りを通っていた。Dルートは現在の予定ルートに最も近似していたが、Aルートほどではないにしても、やはり一部が住宅地域を通っていた。

都市間高速道路との接続という目的を考慮した結果、Dルートを基本にさらに検討が加えられることとなった。昭和三十六年から四十年にかけ、関係機関などとの調整が行われたが、計画が明らかになるにつれて、反対の声やルート変更の陳情も日増しに強くなった。こうしたなか、東京都の東《あずま》龍太郎《りょうたろう》知事は昭和四十年五月、建設大臣宛に「東京外かく環状高速道路の早期決定並びに事業の促進について」と題する、建設促進に特段の配慮を求めた要望を提出している。

積極的に建設を推進する都の方針に対し、地元住民を代弁するかたちで、予定ルート上の自治体が次々反発の意思を明示するにいたる。その後、昭和四十一年四月から六月まで東京都市計画審議会で外環道の計画が審議されたが、賛成と反対が拮抗する中、かろうじて原案が賛成多数を理由に承認されることとなる。

そして昭和四十一年七月、東名高速道路と交差する世田谷区鎌田町《かまたちょう》（現世田谷区喜多見三丁目、大蔵五・六丁目付近）と埼玉県境の練馬区大泉町の約一八・一キロにわたって、幅員四〇メートルの高架方式で都市計画決定の建設省告示がなされたのである。しかし計画当初から外環道建設に関する住民の反対は強く、昭和四十五年十月には、東京都内の区間について、佐藤内閣の根本龍太郎建設大臣の「地元と話し得る条件が整うまでは強行すべきではない」旨の国会発言、いわゆる凍結発言を受け、事業は進展しなかった。昭和四十二年四月に当選した美濃部《みのべ》亮吉《りょうきち》都知事が革新系で、大規模な道路計画にきわめて冷淡だったことも影響した。

しかし昭和四十六年十二月、関越自動車道の練馬〜川越の区間が開通すると、首都高速との直接の連絡がはかられなかったため、練馬区内の渋滞が頻発して大問題となる。その打開策のひとつとして、関越道から埼玉県方向への外環道建設が急がれることになったのである。

当時の建設省は、放射七号線（目白通り）から関越道を経て埼玉県境にいたる一五キロの区間については、当初四車線の高架方式だったものを六車線の半地下（掘割）

関越自動車道
東京外環
自動車道
川越街道
現大泉 JCT
富士街道
目白通り
新青梅街道
早稲田通り
C
案
D
案
（決定）
青梅街道
B
案
環八通り
A
案
環七通り
外環・中央道
接続予定地
甲州街道
首都高新宿線
中央自動車道
世田谷通り
首都高渋谷線
外環・東名
接続予定地
玉川通り
東名高速道路

方式に変更、さらに車道両側に幅員二〇メートルの環境施設帯（緑地帯・三車線の「サービス道路」・自転車道・歩道）を設置することとした。このため全体の道路幅員は当初の四〇メートルから大幅に増加し、六四メートルに拡張されている。

高架方式による建設が行われた三郷ジャンクション（常磐道）～和光《わこう》インターチェンジまでの二六・二キロが平成四年十一月に開通し、平成六年三月には半地下区間の和光～大泉間三・四キロの供用が始まっている。

計画路線の「三環状」（中央環状線・外環道・圏央道）のいちばん外側に位置するのが圏央道（首都圏中央連絡自動車道）だ。圏央道は、都心から半径四〇～六〇キロ圏に計画された道路延長約三〇〇キロの環状路線である。神奈川・東京・埼玉・茨城・千葉の一都四県を通り、途中、横浜・厚木・八王子・川越・つくば・成田・木更《きさら》津《づ》などの中核都市を連絡する。ただし、現在までの開通区間は、全体の三分の一、約一一〇キロにとどまっている。東京都内関係分では、平成八年三月に鶴ケ島《つるがしま》ジャンクション～青梅《おうめ》インターチェンジの約一九・八キロが開通したのを手始めに、平成十四年三月には青梅インターチェンジ～日の出インターチェンジ間約八・七キロが開通。

平成十七年三月には日の出インターチェンジ～あきる野インターチェンジ間約二キロ、平成十九年六月にはあきる野インターチェンジ～八王子ジャンクション（中央道）間の約九・六キロが開通と徐々に延伸。平成二十四年三月には、高尾山を通ることで環境問題が問われた八王子ジャンクション（中央道）～高尾山インターチェンジ（国道二〇号）約二・二キロの供用が開始され、東京都内に関してはほぼ全区間が開通している。

首都高速中央環状線大橋ジャンクション予定地
（目黒区大橋付近、平成元年）
道玄坂
渋谷ランプ
神泉駅
玉川通り
道玄坂上
神泉町
旧山手通り
西郷山公園
旧国鉄職員宿舎
目黒川
山手通り

駒場東大前駅
京王井の頭線
松濤二丁目
山手通り
駒場高校
松見坂
第一中学校
警視庁第三機動隊
駒場東邦高校
三菱銀行
事務センター
首都高速3号渋谷線
池尻ランプ
山手通りと首都
高、目黒川に挟ま
れた地が予定地。
バスの車庫として
使われている
公務員駒沢住宅

首都高速中央環状線大橋ジャンクション工事中
（目黒区大橋付近、平成 21 年）

京王井の頭線
松濤二丁目
山手通り
駒場高校
松見坂
第一中学校
警視庁第三
機動隊
首都高速3号渋谷線
池尻ランプ
この写真では大橋
ジャンクションは工
事中だがその巨大さ
と形状がわかる
公務員駒沢住宅

外環道市川南インターチェンジ予定地
（市川市平田付近、平成 21 年）

菅野駅
8号宮前
緑地
両国
平田小学校
市川工業高校
すべて立体交差になるのだが、いったん更地にしている
外環予定地に、仮の道路が巡らされている。工事の進捗により随時変化する
市川第八中学校
予定地沿いの家は、道路の形に切り落とされたかのような形をしている

東名高速・外環道接続予定地
（世田谷区喜多見付近、平成21年）

外環道との接続が予定された東名高速道路の"イカの耳②"（世田谷区喜多見）。将来の接続工事が容易なように、あらかじめ橋脚や床板を造ってある。

喜多見には三つの"イカの耳"がある。これは北側の"イカの耳①"で、現在、外環道との接続工事が始まっている。すでにジャンクション周辺には空地が目立つ。

第三章　東京の放射道路

芳川顕正と、明治時代の市区改正と中央通り

明治維新を迎える前の東京の道路は、いまとは比べものにならぬほど狭かった。たとえば、日本を代表する目抜き通りといえる日本橋界隈の大通りでさえ、道幅は二〇メートルもなかった。

明治に入ると、大火で焼けた銀座を煉瓦《れんが》街にする明治五年（一八七二）の計画や神田・日本橋地区の火災を契機とした明治十年代の防火街路計画など、都市計画といえるものが東京に皆無だったわけではない。しかしその内容は、道路の人車分離、街路樹の植樹や街路灯の設置、表通りを煉瓦や蔵づくりにするといった程度に留まった。総合的な近代都市計画は、明治二十年代の市区改正計画まで俟《ま》たねばならなかった。

明治二十一年に発布された市区改正計画とは、東京における初めての本格的な都市計画である。道路事業に情熱を燃やし、市区改正という名の都市計画を具体化した人物が、明治十五年七月に東京府知事に任命された芳川顕正だ。府知事となった芳川は、東京府知事就任から約二年かけて「市区改正意見書」をまとめ、明治十七年十一月、内務卿の山県有朋に上申した。

芳川の提案した道路案は、幹線道路として、新橋と上野を結ぶ鉄道をはさんで東西に並行するかたちで南北の大路と二本の環状路、さらに「皇城表門」（旧西ノ丸大手門。二重橋前）を起点に、東西南北に向かう四本の放射路が設定された。市区改正委員会案の計画はその後縮小されて、明治三十六年の「市区改正新設計」に結実する。芳川が執念を燃やした二本の環状路や四本の放射路は、結局日の目を見ることなく終わったが、そのなかで実現した数少ない大通りが、現在の中央通りだった。

日本橋大通りを含む新橋停車場と万世橋《まんせいばし》停車場を結ぶ区間（現在の中央通りの南半部）の道幅は一五間（約二七メートル）とされ、万世橋から上野広小路（現在の中央通りの北半部）までの道幅は、二〇間（約三六メートル）となった。今なおこの通りの道幅は、ほとんど当時のままである（一一六・一一七ページ参照）。

後藤新平と、関東大震災後に整備された放射状幹線道路

明治後期から大正時代は、東京が近代都市に変貌した時期である。とはいえ一皮むけば、下町では、江戸期以来の木造家屋がびっしりと並ぶ旧態依然とした町並みだった。市街が限りなく膨張をつづけるなか、道路をはじめとする都市インフラは限界に達しつつあった。近代が曲がり角を迎えたこうした時代を背景に登場したのが後藤新平だった。後藤は、内務大臣や東京市長を歴任、東京の都市改造に執念を燃やした人物である。後藤の事績を象徴する都市計画道路が、都心を東西に貫く大正通り（靖国通り）であり、また南北に貫く昭和通りだった。

大正九年（一九二〇）十二月、東京市長に就任した後藤は、都市計画プランの「東京市政要綱」策定に情熱を燃やした。翌大正十年に発表された「東京市政要綱」は、共同溝の新設、街路の新設、下水の改良、港湾の修築、水運の改良、田園都市の建設、公園の新設、学校建築など一五項目を列挙し、総予算は約八億円を予定した。当時の国家予算の半分ほどに匹敵する途方もない金額である。ただしこの案は帝国議会や市会の反対で葬り去られ、日の目を見なかった。

後藤は大正十二年四月で市長の座を去った。市長を辞した後藤は、山本権兵衛内閣の内務大臣として国政に復帰する。大臣就任は、大正十二年九月二日。関東大震災の翌日である。九月二十七日、後藤の建議によってはやくも帝都復興院が設置され、後藤が内務大臣のまま総裁に就任した。後藤が東京市長だったことや、「東京市政要綱」といった具体的な都市計画を立案していたことは、迅速な震災復興計画策定に寄与した。

最終的に決まった震災復興の道路計画は以下のようなものである。まず、十文字に交差する東西と南北の二本の街路を最も重要な幹線道路とし、東京駅を中心に環状線と放射線を設ける構想だった。東京を南北に縦断する幹線道路が、品川から銀座の東裏を経て三ノ輪に至る道路延長一三キロ余の幅員三三〜四四メートルの「第一号幹線」（のちの昭和通り）である。そして、東京を東西に横断するのが、九段《くだん》から両国橋を経て亀戸《かめいど》に至る延長六キロ余の幅員二七〜三六メートルの「第二号幹線」（大正通り。現在は靖国通りとして知られる）である。この二本の道路以外にも、浅草通り、蔵前橋《くらまえばし》通り、新大橋通り、清洲橋《きよすばし》通り、清澄《きよすみ》通り、永代《えいたい》通り、三ツ目通りなど、多数の幹線道路が新設された。震災復興で造成された幹線道路の総延長は、約一一四キロにもおよぶ。幹線道路のほか、幅員が八～二二メートルの補助線街路も一二二本新設され、補助線街路の総延長は、約一三九キロに達した。

石川栄耀と、戦後の一〇〇メートル幅道路計画

東京の戦災復興都市計画は、終戦後の昭和二十一年（一九四六）三月に街路計画と区画整理が、九月に用途地域がそれぞれ策定されていった。ややおくれて昭和二十三年には緑地地域の計画が決定された。この計画を主導したのが、東京都建設局の都市計画課長だった石川栄耀である。

石川の計画は、東京をまるごと公園都市に一変させようという斬新なものだった。区部面積の三三・九パーセントに及ぶ緑地造成と、空襲焼失面積を上回る二〇〇平方キロメートルに及ぶ区画整理を実施し、都心の旧軍用地などを緑地公園とするほか、河川や鉄道沿い、その他いたるところに緑地を設けるという壮大な計画だったのである。公園とともに驚かされるのが、道路計画である。基本的な骨格こそ昭和二年に決定された震災復興計画を引き継いでいるが、道路幅が桁外れだった。幅員一〇〇メートルの道路を七本も建設する目算だったのである。その道路とは、環状道路である外

堀通り（環状二号線）とそこから東西南北に延びる蔵前橋通り（放射一四号線）、昭和通り（放射一二号・一九号線）、大久保通り（放射二五号線）。そして隅田川と荒川放水路にはさまれた低地の中央部を南北に延びる四ツ目通り（放射三二号線）。さらに新都心を企図された四谷見附《みつけ》付近の新宿通り（放射五号線）と東京駅の新正面口の八重洲《やえす》口から延びる八重洲通り（放射三三号線）である。

しかし幅広い街路を区画整理によって造成する計画は、各方面から激しい批判を呼び起こした。なにより、復興計画を進めるための原資が絶対的に不足していた。その間も日本経済はインフレが進行し、破滅的状況となった。業を煮やしたGHQ（連合国総司令部）は昭和二十四年三月、ドッジ・ラインとよばれる超緊縮策を断行し、インフレの沈静化をはかる。こうした状況下では、支出を伴う大胆な都市計画を実施する余裕など、どこにもなかった。もともとGHQは戦災復興都市計画に否定的で、「敗戦国にふさわしくない」と批判していた。昭和二十三年には、日本の道路・街路事業は当面維持修繕にとどめるべきだと指示していたほどである。

昭和二十四年六月、発足間もない第三次吉田茂内閣は、GHQの方針を受け入れ、「戦災復興都市計画再検討に関する方針」を閣議決定する。これ以後、「再検討」の名の下に、軒並み事業の打ち切りや大胆な予算カットが実行される。昭和二十五年三月、東京の戦災復興都市計画も大幅に縮小された。

第二部　政治の意志が見える道

第四章　見え隠れする、時代の意志と歴史

首都高の未成線

鉄道に未成線があるように、道路にも未成線は存在する。計画は認可されたものの、その後の情勢の変化で着工されなかった道路、途中で工事が中断した道路などさまざまだ。鉄道未成線同様、その痕跡を既存道との接続部などに残している場合が少なくない。まずは首都高速の未成線の痕跡をたどってみたい。

東京オリンピックの成功や高度経済成長を背景に、昭和四十二年（一九六七）末に東京都市計画高速道路調査特別委員会提案路線が発表された。この段階では、当初の環状六号線の内側という消極的な道路建設を脱し、終点からさらに別の自動車道に連絡する関東全域の高速道路ネットワーク整備が考慮されていた。

一号上野線は入谷《いりや》から北に延伸してそのまま中央環状線に合流し、その後東北自動車道に接続する予定だった。二号目黒線は、南西方向に延伸され、第三京浜に接続される予定だった。

一号線と中央環状線との合流地点として予定されていたのが本木《もとき》ジャンクション（仮称。足立区本木）である。この場所は、はっきりした痕跡が残っている。扇大橋《おうぎ》出入口付近が、不自然に上下線に高低差がつけてあるのだ。これこそ荒川に面した南側からの取り付け道路の接続地点にほかならない（一〇〇・一〇一ページ下の写真参照）。

現在にいたるまで手つかずなのが、一〇号線、一一号線、内環状線である。一〇号線は、江戸川橋で五号線から分岐し、中落合で中央環状線と接続、その後は練馬区上《かみ》石神井《しゃくじい》で外郭環状線に接続する予定だった。その後、関越自動車道の起点が練馬区谷原《やはら》付近と決定したため、一〇号線も目白通りのルートに変更された。しかし結局一〇号線は着工されないまま、計画は凍結されている。一〇号線という路線名が現在晴《はる》海《み》線に用いられていることから、もとの一〇号線計画は、ほぼ消滅したといっていいだろう。

首都高速中央環状線
本木ジャンクション予定地
（足立区千住新橋付近）

ここだけなぜか上下線が間隔を空けた上、高さもかなり異なるのは、首都高速中央環状線「本木ジャンクション」予定地だった証拠。荒川の扇大橋付近。

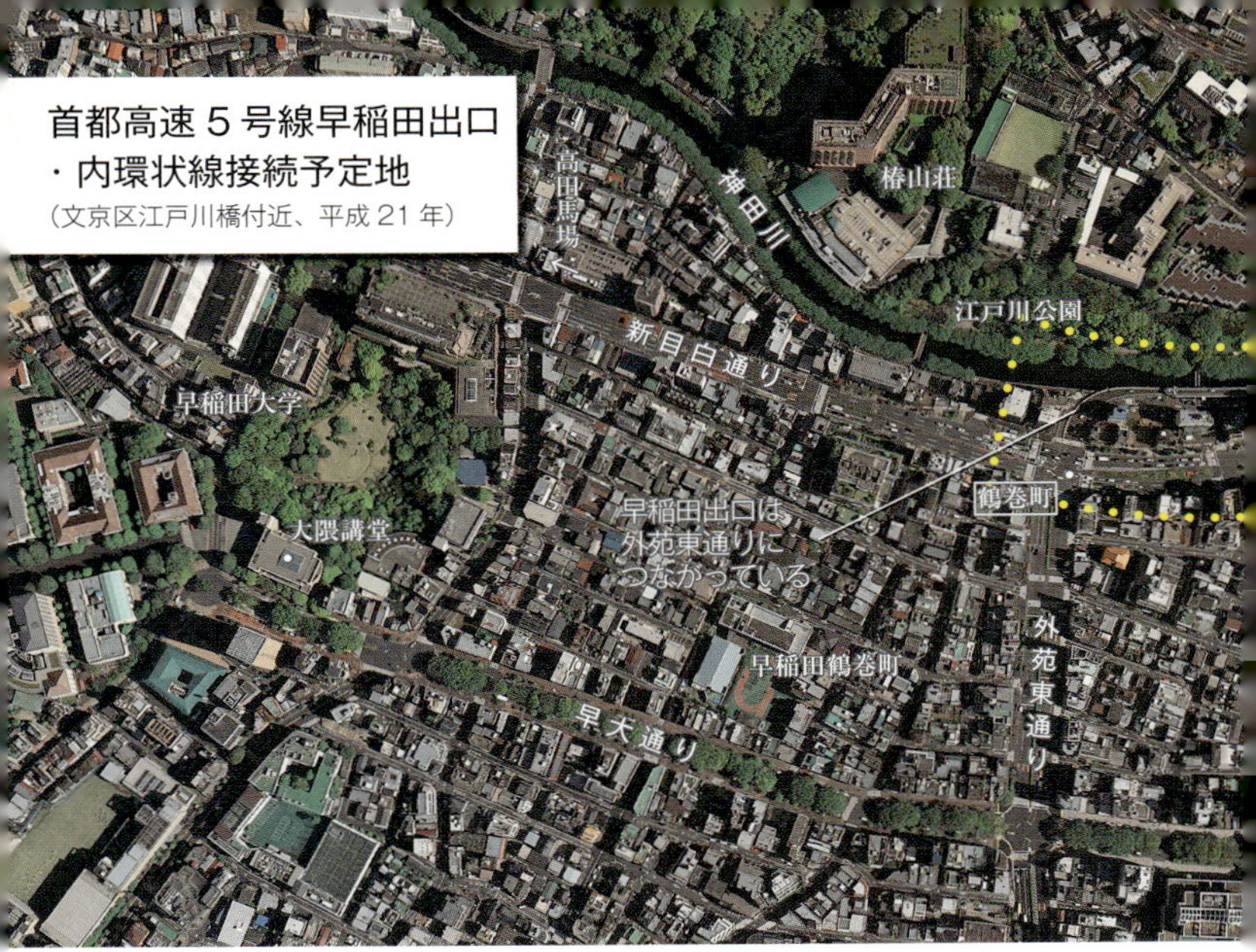
首都高速５号線早稲田出口
・内環状線接続予定地
（文京区江戸川橋付近、平成21年）
高田馬場
神田川
椿山荘
江戸川公園
新目白通り
早稲田大学
大隈講堂
鶴巻町
早稲田出口は
外苑東通りに
つながっている
早稲田鶴巻町
外苑東通り
早大通り

なお、一〇号線については、完成路線をしのばせる痕跡が残っている。それは五号線の江戸川橋から分岐し神田川沿いに延びる早稲田出口までのルートである。この路線は、当初の一〇号線ルートの一部なのである（一〇〇・一〇一ページ上の写真参照）。

一一号線は、四つ木出入口付近で中央環状線から分岐し、そのまま国道六号付近を東下、金町《かなまち》浄水場付近で千葉県境の江戸川を渡るルートだった。千葉県に入ると道路は北千葉空港線（仮称）と名を変え、新東京国際空港（現成田国際空港）に直結する予定だった。だが結局、一一号線も北千葉空港線も着工されることなく、計画そのものが事実上放棄された。この道路の痕跡の可能性があるといえば、分岐する中央環状線なのだが、中央環状線の着工時点ですでに一一号線計画が消滅したあとだったため、道路の分岐については考慮されていない。なお、一一号線という路線名は、その後事業化された台場《だいば》線に用いられている。

ところで、一一号線と連絡する予定だった北千葉空港線も聞きなれぬ名前である。前述した通り、北千葉空港線そのものは着工されなかったが、千葉ニュータウンの予定区間には鉄道の成田新幹線と並走できる幅五〇メートルもの広大な用地が確保されており、一部が鉄道の北総線や北千葉道路（国道四六四号）に用いられているものの、大部分は空地のままである（一〇四ページ参照）。

最も未成線の痕跡を留めるのが、内環状線であろう。内環状線は、「この路線は、都心環状線北側部分のバイパス路線として、都心環状線の混雑緩和を図るとともに、都心部ネットワークの強化を図るものである」とされている（首都高速道路公団三十年史）。七号線の錦糸町料金所付近からはじまり、両国ジャンクション付近で分岐、隅田川を渡り柳橋付近の神田川合流点をそのまま神田川沿いに西上する。岩本町で一号線と、飯田橋で五号線と接続し、飯田橋からは大久保通りを西に向かい、若松町から職安通りに入って、終点の中野坂上付近のジャンクションで中央環状線に接続するルートだった。岩本町や飯田橋では、分岐路の予定地点を示す〝イカの耳〟が設置されているほか、両国ジャンクションや飯田橋の橋脚を見れば、内環状線を想定して設置されていることがわかる（一〇五ページ上の写真参照）。

これ以外にも未成線は存在する。たとえば晴海線だ。晴海線は現在東雲《しののめ》ジャンクションから豊洲出入口まで開通しており、平成二十七年度中に晴海出入口まで延伸される予定だ。ところが晴海線は、予定ではさらに月島を越えて隅田川を渡り、築地と新《しん》富町《とみちょう》に連絡する予定なのである。このうち築地から新富町出入口までは、築地川跡沿

首都高速北千葉空港線予定区間
（印西市千葉ニュータウン中央駅付近、平成20年）

首都高速５号線・内環状線接続予定地（文京区小日向）

江戸川橋付近の“イカの耳”。首都高「内環状線」が、首都高５号池袋線と接続する計画があった場所だ。高架下を流れるのは神田川で、画面奥が飯田橋方面。

首都高速晴海線未成区間（中央区新富町付近）

ビルが林立する中にある築地川公園。高速道路用地として築地川を干拓したため独特の形状となった。高架下道路に相当する部分は塞がれて立ち入りできない。

の河床に未利用のトンネルが完成したまま放置され、上部は公園や駐車場になっているのだ。この遊休地が道路となり、晴海線の晴海と新富町が結ばれる日が仮にやってくるとすれば、平成三十二年（二〇二〇）の東京オリンピック招致が実現し、晴海にメインスタジアムが建設されたときだろう。そのとき、築地川跡のトンネルが正式に晴海線の一部となるのである（一〇五ページ下の写真参照）。

思えば、晴海線がにわかに具体化し、建設省の「首都圏整備計画」に加えられたのは、バブル真っ盛りの平成三年だった。同じころ、〝地下弾丸道路計画〟ともいわれる「都心新宿線」構想が浮上する。「都心新宿線」とは、都庁のあった丸の内と都庁が移転する西新宿までの区間をわずか八分で結ぶ計画だった。しかも途中ルートは、甲州街道（国道二〇号）の大深度地下を活用し、乗用車専用道路という画期的な試みである。乗用車専用道路としたのは、トンネル断面を小さくして工費を減らす目的があった。

「都心新宿線」はさらに〝暴走〟する。晴海線をそのまま西に延長して「都心新宿線」と結び、新宿以西は「多摩新宿線」として圏央道（首都圏中央連絡道路）青梅インターと接続する総延長約六〇キロの堂々たる高速道路計画に発展したのである。そのほか、晴海線を南に延ばし、湾岸線の南には第二東京湾岸道路まで計画されたというから凄い。ここまでくると、官民挙げてバブル熱に浮かされたとしか思えない。ところが、計画はいまだ完全に消滅・放棄されたわけではないようなのだ。

国土交通省が平成十八年にまとめた最新の「首都圏整備計画」にはこう書かれている。

「首都高速道路(中央環状品川線、中央環状新宿線、晴海線)、高速第1号(2期)、同練馬線、同都心新宿線、同2号線(延伸)、同内環状線、第二東京湾岸道路等について事業中の区間の整備を推進するとともに、その他区間の調査を推進する」

震災復興で生まれた大路

後藤新平が東京市長在職中の大正十一年(一九二二)四月、当時の東京市に周辺郡部八二町村を加えた地域が「東京都市計画区域」に指定された。この区域は、当時の東京市のなんと七倍の面積である。この「東京都市計画区域」は、いまの東京都区部とぴったり一致していた。それも当然で、昭和七年(一九三二)に東京市が一五区から三五区に拡張されたとき(現在の東京二三区と同じ区域)、拡張区域の線引きが

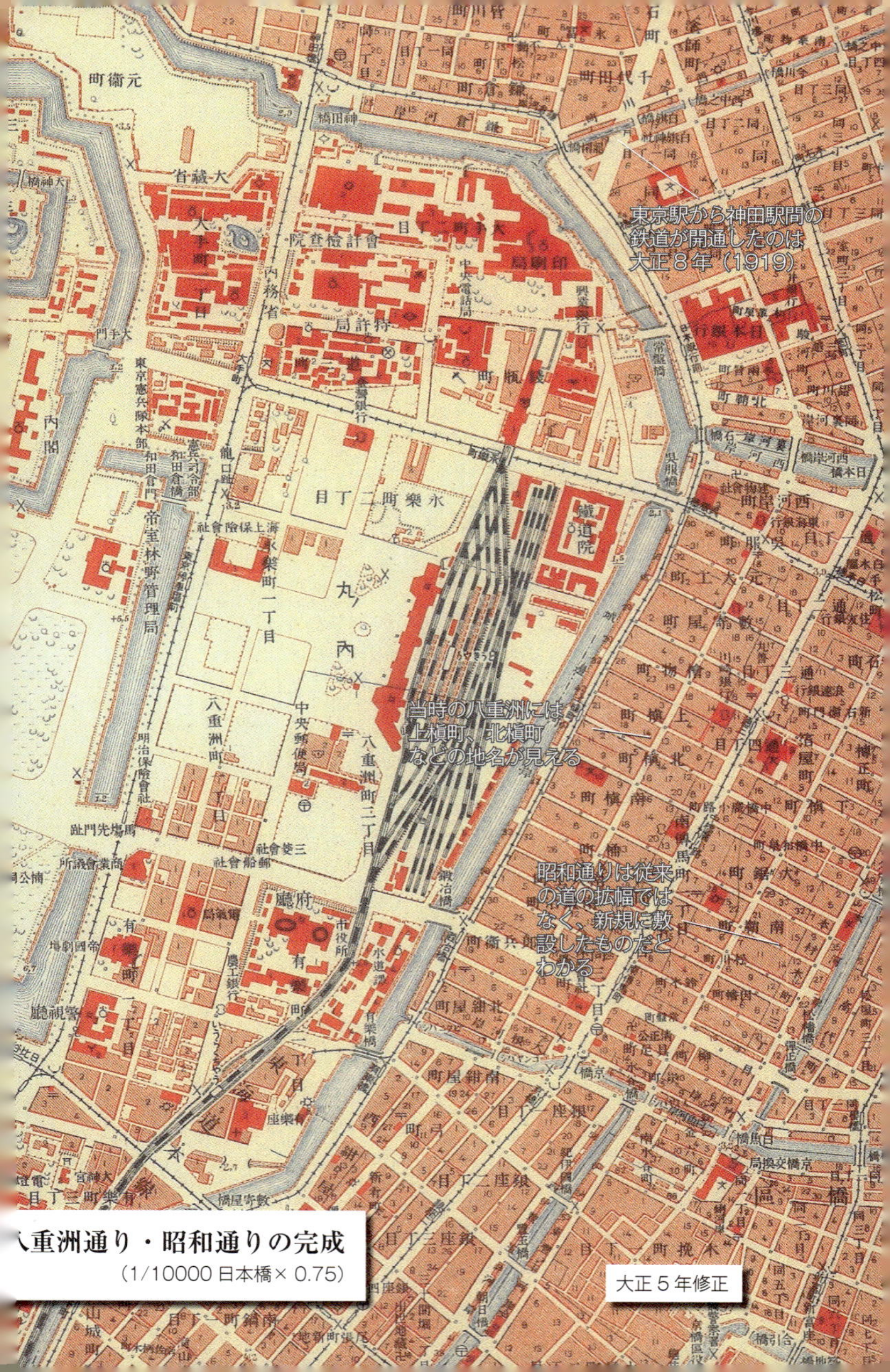
東京駅から神田駅間の鉄道が開通したのは大正８年（1919）
当時の八重洲には上槇町、北槇町などの地名が見える
昭和通りは従来の道の拡幅ではなく、新規に敷設したものだとわかる
大正５年修正

八重洲通り・昭和通りの完成

（1/10000 日本橋× 0.75）

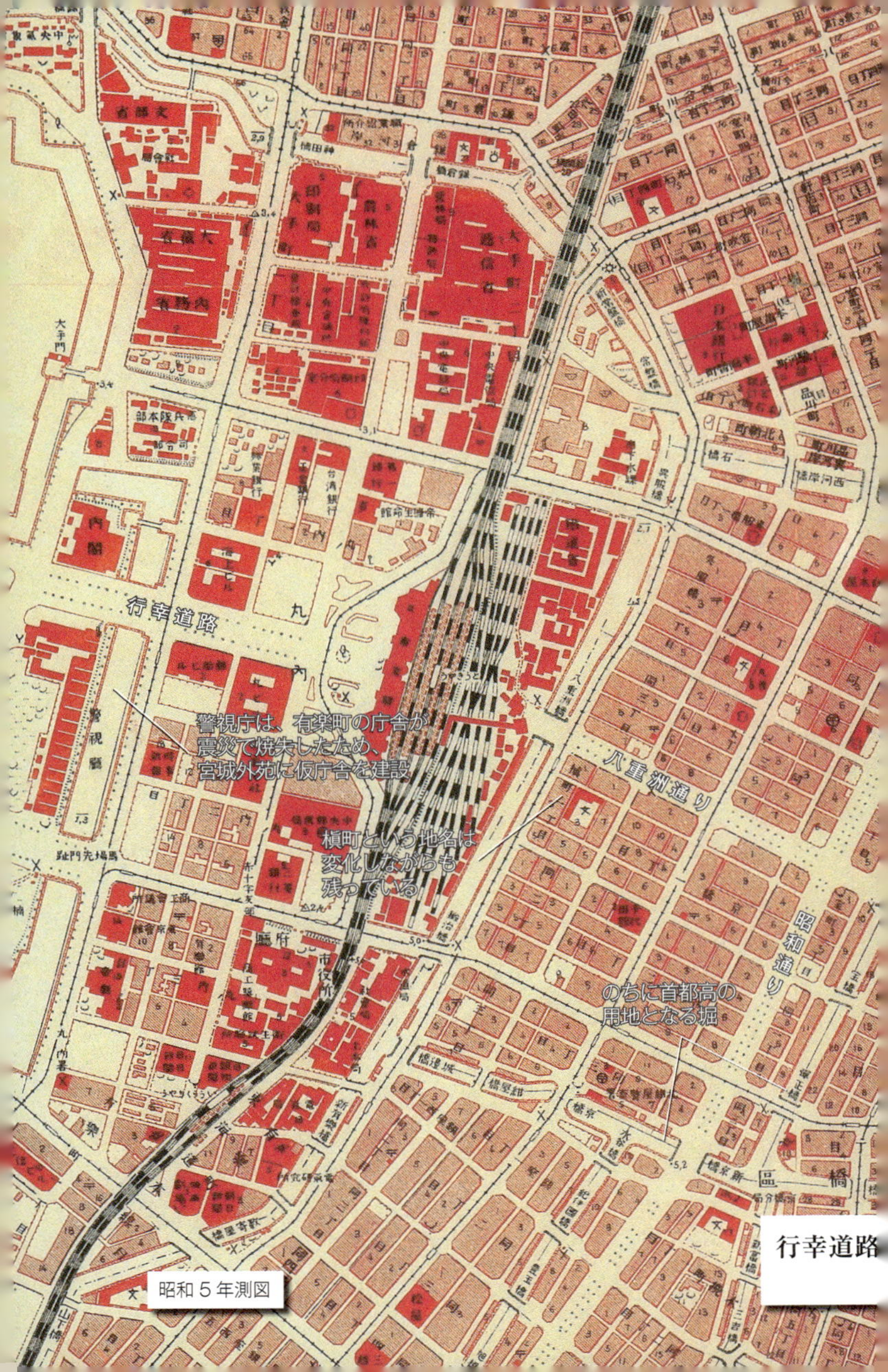
行幸道路
八重洲通り
昭和通り
警視庁は、有楽町の庁舎が震災で焼失したため、宮城外苑に仮庁舎を建設
槇町という地名は変化しながらも残っている
のちに首都高の用地となる堀
昭和５年測図
行幸道路

「東京都市計画区域」をもとに決定されたからである。

このときの東京都市計画で決まった目玉の道路が「槙町線《まきちょうせん》」——現在の八重洲通りである。これは大正八年に公布された「都市計画法」に基づく東京の最初の都市計画道路のひとつだった。ただし計画があきらかになると、周辺商店主や地元議員の烈しい反対運動により、道路計画は中断に追い込まれる。結局八重洲通りが日の目を見るのは、震災後の帝都復興事業だった。

後藤新平が主導した震災復興事業では、さまざまな新機軸が打ち出された。将来「高速鉄道」が通る可能性が高い箇所の街路の幅員を二七メートル（一五間）以上としたことなどもそのひとつだし、街路区画には隅切《すみきり》を施すことや橋詰めには広場を設けること、道路幅員表示に尺貫法を廃してメートル法を用いたのも、小さなようだが大きな前進だった。

道路造成にあたっても、単に道路の幅を広げるだけでなく、幅員一八メートル（一〇間）以上の道路にはすべて街路樹を植えることとし、幅員二七メートル以上の道路には、両側に一～二メートルの植栽帯を確保している。この時、昭和通りとともに四列の並木道が設けられたのが八重洲通りと行幸《ぎょうこう》道路だった（一〇八・一〇九ページ参照）。

なぜ三つの通りだけが四列の並木道だったのか。それは、昭和通り（幹線第一号）と八重洲通り（幹線第七号）と行幸道路（幹線第八号）の三本だけが、幅員四四メートル（二五間）以上という破格の規格で完成したからである。なかでも行幸道路にいたっては幅員七三メートル（四〇間）で、札幌の大通《おおどおり》（幅一〇九メートル。六〇間）に次ぐ道幅だった。

八重洲通りは、東京駅八重洲口から中央通りに向かって延びる繁華街のメインストリートで、いっぽうの行幸道路は東京駅丸の内中央口から宮城前《きゅうじょうまえ》広場に向けて延びる、いわば大日本帝国の表通りである。両方の通りは東京駅をはさんで東西に延びていたが、その性格は対照的だった。八重洲通りが公式行事に用いられることはなかったが、天皇が行幸や御大典《ごたいてん》（即位の礼）に東京駅に向かうときは行幸道路を通った。昭和十三年にヒトラーユーゲントの若者が来日した際は、東京駅頭で歓迎式典が開かれたあと、ヒトラーユーゲント一行は、日本の青年団員たちとともに行幸道路を行進して宮城前広場に向かい、一緒に宮城遥拝を行っている。

万世橋付近

中央通りと靖国通りの付け替え前

（1/10000 日本橋　大正 5 年修正　× 0.75）

当時、銀座をしのぐ
賑わいを見せていた
須田町交差点
すでに鉄道用地が
確保され、
更地となっている

震災復興期、神田の万世橋周辺も変貌した。明治後期、万世橋のたもとには甲武《こうぶ》鉄道の始発ターミナルが設けられ、駅前の須田町《すだちょう》交差点には路面電車の路線が集まり、銀座をしのぐ繁華街となっていた。夏目漱石が明治四十五年（一九一二）に発表した『彼岸過迄《ひがんすぎまで》』には、繁華街の象徴的存在として万世橋の名がしばしば登場する。当時の絵葉書を見ると、壮麗な万世橋停車場と駅頭に除幕された日露戦争の英雄広瀬中佐像を中心に多くの人々が行き来している様子をみることができる。わずかに当時のにぎわいを伝えるのが、旧連雀町《れんじゃくちょう》（神田須田町一丁目）界隈にいくつか残る老舗の食事処や甘味処である。

関東大震災で万世橋界隈も焼け落ちた。万世橋停車場は、すでに始発ターミナルとしての機能をうしなっており、停車場は残った煉瓦壁にモルタルを塗って再開したが、見る影もなかった。しかもすぐ近くの秋葉原駅が旅客営業を開始したことで、駅としての存在意義を無くしてしまった。震災復興に際して、万世橋周辺では中央通りと靖国通りを付け替えたため、万世橋駅は奥に引っ込む恰好となった。新たに道幅二〇間（三六メートル）で道路延長一八二メートルの新道が設置され、それまでの中央通りが万世橋駅頭の広瀬像の交差点で九〇度折れ曲がっていたのが、南北方向の直線道路に変更された（一一二・一一三と一一六・一一七ページ参照）。昭和十一年には、万世橋駅の敷地と高架下を利用して、鉄道博物館（のちの交通博物館）が開館している。かつて始発ターミナルとして東京有数の乗降客数を誇った万世橋は事実上博物館併設駅となり、戦時中の昭和十八年には、「不要不急駅」として営業休止に追い込まれた。

中央通りでいえば、上野広小路も変更された。明治の市区改正事業でも江戸時代のままの枡形《ますがた》（クランク状）だったルートを、一八七メートルにわたって道幅二〇間の直線道路に変えた。その結果、上野広小路には特異な三角ロータリーが生まれた。今は、どら焼きで知られるうさぎやの前にわずかに通りの付け替えを示すロータリーの痕跡が残る。

総武線の両国駅前は、なぜか広小路のように太い通りになっている。これは、回向《えこう》院《いん》前から国技館の北までのわずか三二七メートルの区間だけが、道幅三三メートルの幹線第二四号として完成したためである。

これ以上いちいち挙げないが、都心部に震災復興事業の特徴を留める道路は数えきれないほど存在する。

靖国通り
震災復興で生まれた
327mの道路
（P.115参照）
小学校と小公園が
隣接しているのは
震災復興期の典型
東堀留川は
昭和24年に
戦災瓦礫で
埋め立てられた
清洲橋通り
震災復興事業で
誕生した浜町公園

万世橋付近
中央通りと靖国通りの付け替え後
（1/10000 日本橋　昭和５年測図　×0.75）

当時は御茶ノ水橋の西側に
御茶ノ水駅があった
本郷通り
万世橋駅が少しお
茶の水側に移動
震災前は万世橋駅前を
通っていた市電が
外堀通り経由に
変更された
中央通りが新道に付
け替えられている
20間・15間の
道路幅はいまも
変わらない
昭和通り
西堀留川（P.113参照）は
震災瓦礫で埋め立てられた

明治神宮・幻の万博と道路

博覧会などのビッグプロジェクトが成功するかどうかの鍵のひとつが、会場と会場を結ぶ道路やアクセス道路である。参加者や来場者にイベントへの期待を高め、押し寄せる人員をストレスなくさばく道路網の構築が、イベントの成否を握っているといって過言ではない。それは現代であろうと昔であろうと本質的には変わらない。

都心部の貴重な緑地空間として、明治神宮がある。深い森の中に鎮《しず》まる神宮だが、この森は大正になってから整備されたものだ。たかだか一〇〇年の歴史である。じつは明治神宮も、博覧会や道路とは切っても切れぬ縁で結ばれている。

この地の前身は、皇室の南豊島《みなみとしま》御料地だった。さらに時代を遡れば、熊本藩主加藤家や彦根藩主井伊家の下屋敷庭園だったところである。旧主の加藤清正にちなむ清《きよ》正井《まさのいど》は、最近ではパワースポットとしてとみに有名になった。

明治に入ると土地は荒れ、大部分は畑などに変貌したが、湧水池のあたりは庭園として整備された。明治天皇が皇后のために植えさせた花菖蒲《はなしょうぶ》は、今も菖蒲田に美しい花を咲かせている。戦災で焼けるまで、山手線に近い内苑東側には、井伊家が建てた旧代々木御殿など大名屋敷時代の建築もあった。

現在明治神宮内苑となっている南豊島御料地と、明治神宮外苑となっている青山練兵場は、そのまま明治神宮となったわけではなかった。南豊島御料地と青山練兵場は、明治神宮内苑・外苑となる前は、「日本大博覧会」という国家的規模の博覧会場予定地だったのである。

「日本大博覧会」と聞いても、ほとんどの人が初耳だろう。実現しなかったから、知らなくて当然なのだ。この大博覧会は最初、日露戦勝を記念して、ロシアからの賠償金を原資として開催される予定だった。しかし、その見通しは甘かった。明治三十八年（一九〇五）九月に調印されたポーツマス条約で、ロシアから賠償金を獲得することができなかったからだ。そのため、万国博覧会計画は十二月の閣議で「延期」と決まった。博覧会開催を、「中止」でなく「延期」としたことは、その後も亡霊のように万国博覧会計画がたびたび浮上する要因となった。

明治三十九年三月、帝国議会に「万国博覧会開設に関する建議」案が超党派議員から提出され、賛成多数で可決された。これを受け、六月には農商務省に博覧会調査会が設置される。翌明治四十年三月には日本大博覧会の開設と事務局設置が決まった。

明治神宮外苑・裏参道造成前
（1/10000 四谷　大正５年修正　× 0.75）

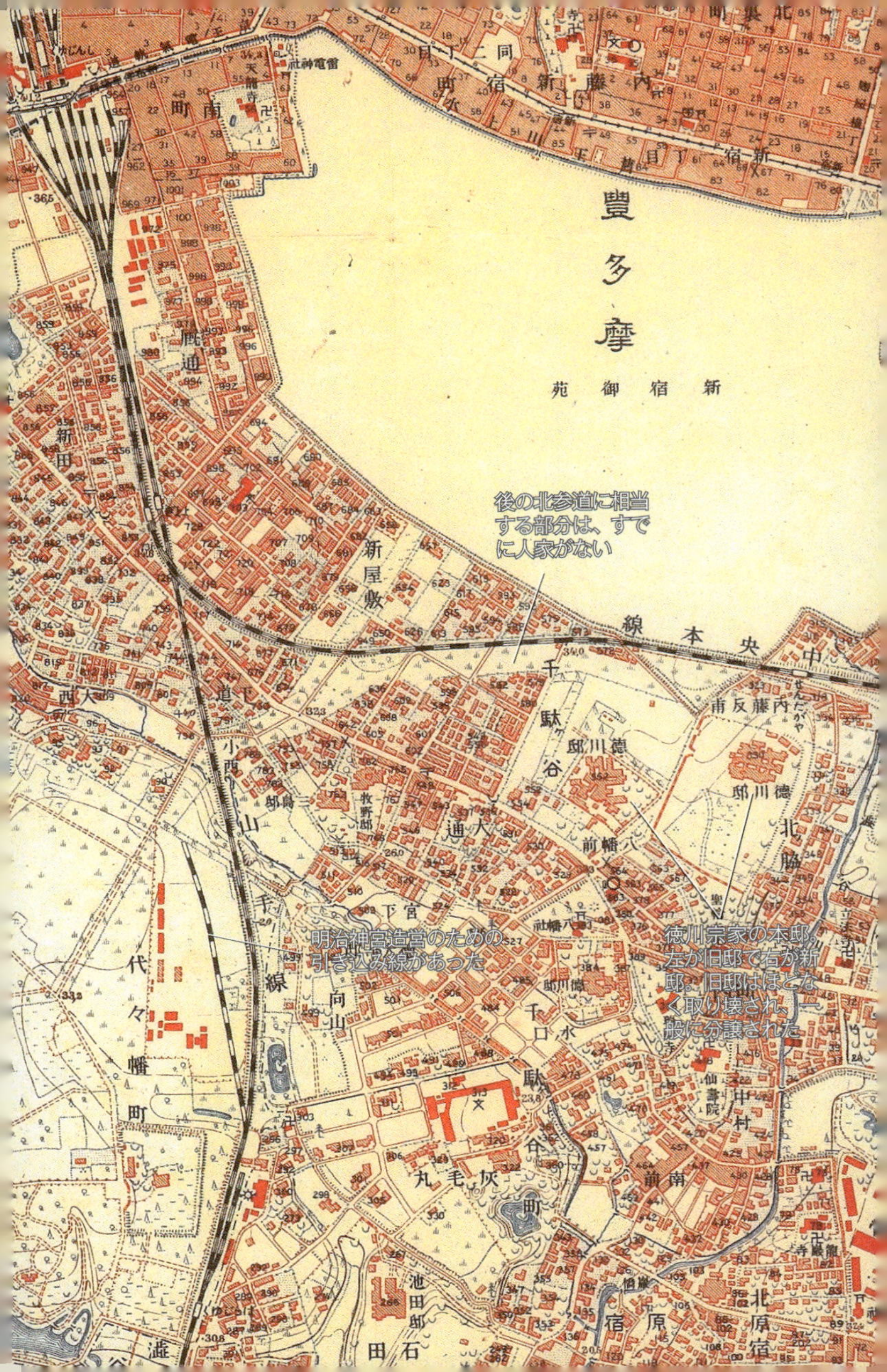

豊多摩
新宿御苑
後の北参道に相当する部分は、すでに人家がない
中央本線
千駄ヶ谷
徳川邸
徳川邸
新屋敷
大通
山手線
代々幡町
明治神宮造営のための引き込み線があった
徳川宗家の本邸。左が旧邸で右が新邸。旧邸はほどなく取り壊され、一般に分譲された
牧野邸
八幡前
北脇
南前
中村
原宿
北原宿
池田邸
灰毛丸

この時点では、五年先の明治四十五年開催を見込んでいたようだ。

明治四十年十一月には会場を南豊島御料地（代々木会場）と青山練兵場（青山会場）に決定。両会場の間には連絡道路を建設することが盛り込まれた。翌明治四十一年九月には、博覧会開催の名目を「明治天皇即位五十年記念」としたため、会期が五年延期された。しかし明治四十五年七月に明治天皇が崩御すると、「明治天皇即位五十年記念」博覧会は開催名目を失い、宙に浮いてしまう恰好となった。

東京市長だった阪谷芳郎《さかたによしろう》は、天皇崩御直後から宮内省に御陵の東京誘致を働きかけるが、すでに御陵は先帝の内意で京都郊外の桃山に内定していた。すると阪谷は、「地域広濶《こうかつ》にして、林泉の美自ら備はれる地を選びて、英霊を奉祀《ほうし》せん」として、明治天皇の神霊を祭る神宮創建に動き出す。

大正二年（一九一三）七月、明治天皇御一年祭が終わると、政府は神宮創建の準備に着手、十月には神社奉祀調査会の設置が決まった。初代会長には、神社行政全般を主管する内務大臣の原敬が就任。阪谷芳郎は特別委員長に任命された。

神宮の候補地として、南豊島御料地・旧青山練兵場のほか、陸軍戸山学校跡・陸軍士官学校・上野公園・駿河台・目白台・小石川植物園・芝三光坂・市川国府台・白金火薬庫・宮城本丸・井之頭御料地・大宮氷川神社・箱根離宮・筑波山・富士山など十数ヶ所の候補地が浮かんでは消えた。結論からいえば、代々木に神宮建設が決まったわけだが、代々木の「内苑」を従来の神域とし、青山に新たに記念事業の場としての「外苑」を設けたのが画期的だった。日本大博覧会の構想を受け継いだ面があった。

内苑は、内務省に設置された明治神宮造営局が担当し、外苑については大正四年十月に設立された明治神宮奉賛会が担当したが、基本計画は、建築分野委員だった東京帝大助教授の佐野利器《としかた》によってまとめられた。外苑造営については、明治神宮造営局の技師だった折下吉延《おりしもよしのぶ》による造園実施案をもとに工事が始まっている。日本初の舗装道路でもある絵画館前の四列の銀杏並木や、表参道の欅《けやき》並木も折下の発案である。さらに、日本大博覧会計画当時から構想されていた内外苑連絡道路（いわゆる裏参道）については、佐野利器の基本計画では幅員九間だったが、折下案では二〇間に拡幅したうえ、うち一三間分について、車道六間・左右に植樹帯各一間半・歩道各二間のゆったりとした道路に仕立てた。さらに北側七間分は乗馬道と植樹帯にあてた。内苑と外苑を結ぶ特別な道路ということが誰の目にも理解できたことであろう。ただし現在は、昭和三十九年に開通した首都高速四号新宿線の高架が道路の北半分を覆いつくし

明治神宮外苑・裏参道完成後

（1/10000 四谷　昭和３年修正　× 0.75）

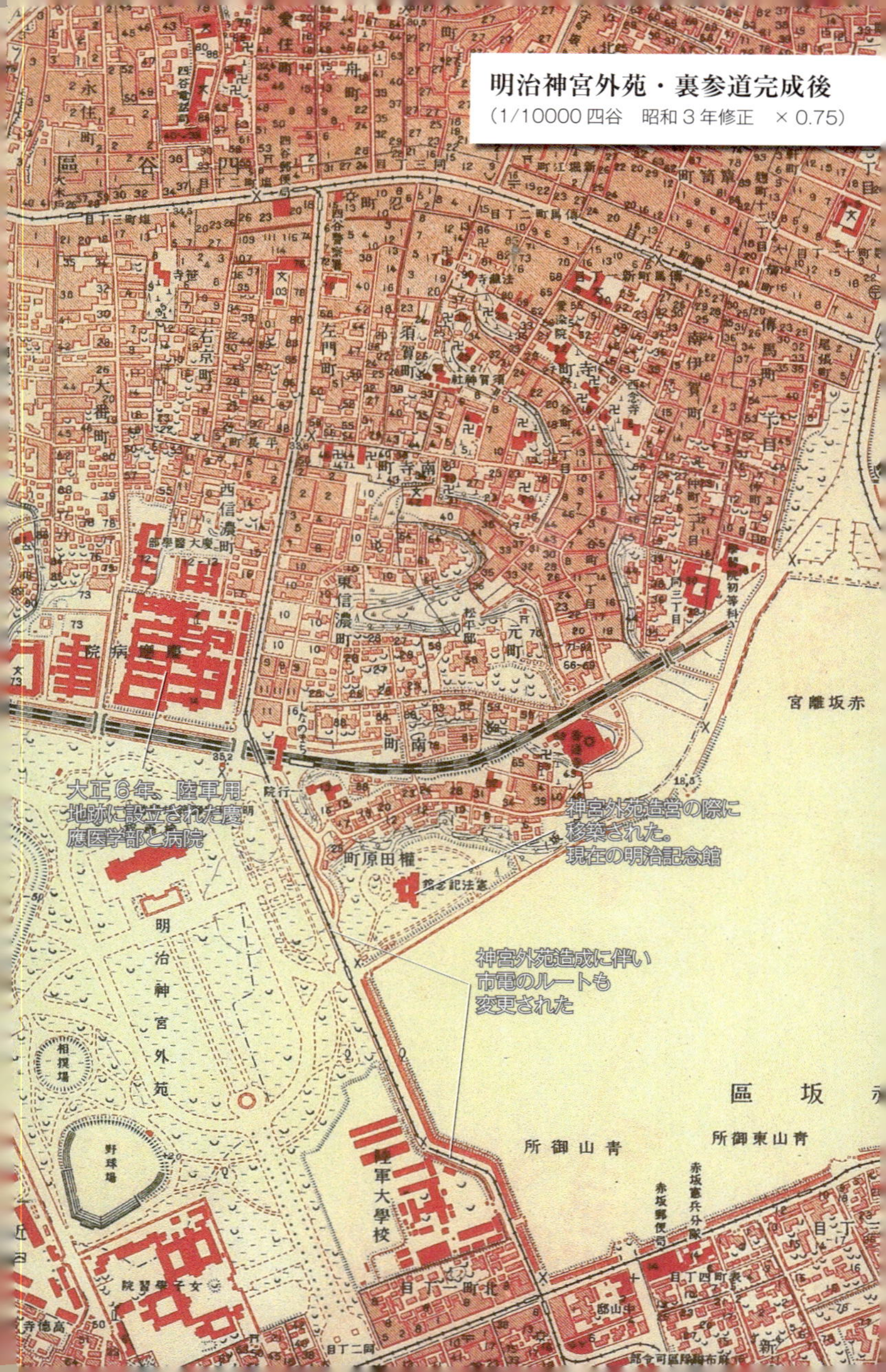

明治通り
明治通りが途中で途切れた状態
彦根藩主井伊家の御殿。昭和20年の空襲で焼失
体調の思わしくない大正天皇のために大正15年に設置された原宿宮廷ホーム
新宿御苑
中央本線
せんだがや
千駄ヶ谷
新屋敷
徳川邸
代々幡町
明治神宮内苑
旧御殿
社務所
仙寿院
小田原急行鉄道

明治神宮外苑　裏参道と首都高
（新宿区・港区　神宮外苑付近、平成 21 年）

新宿御苑
北参道に首都高
が覆い被さる
新宿
千駄ヶ谷駅
明治神宮
東京体育館
外苑橋
観音橋
明治通り
仙寿院
千駄ヶ谷小学校
外苑ハウス
「オリンピック道路」
として北青山から神
南まで一気に造成
された補助24号線
(2625m)
外苑西通り
國學院高校

てしまったため、当初の構想はまったく踏みにじられている（一二〇・一二四と一二二〜一二七ページ参照）。

昭和十五年（一九四〇）は、神武天皇が即位してちょうど二六〇〇年ということで、「紀元二千六百年」記念行事が目白押しだった。その「紀元二千六百年」を期して、東京を舞台に、初めての国際万国博覧会が開催されようとしていた。

万国博覧会の主会場にあてられたのは、昭和四年に竣工していた第四号埋立地（京橋区晴海町［中央区晴海］）と昭和七年に竣工した第五号埋立地（深川区豊洲［現江東区豊洲］）だった。この二つの土地の面積だけで、日比谷公園の一〇倍以上という一八二万平方メートルあった。

隅田川にかかる勝鬨橋《かちどきばし》は、万国博覧会を意識して昭和八年に着工された。勝鬨橋という名称は、もともとここに勝鬨の渡しがあったことにちなむ。日露戦争の旅順陥落にちなんで、勝鬨という名前がついたのである。

万国博覧会開催の暁には、銀座から晴海通りをまっすぐ進み、勝鬨橋を渡れば、はるか正面にテーマ館の肇国《ちょうこく》記念館が視界に飛び込み、その先の黎明橋を渡れば、左右にさまざまな展示館が広がるはずだった。晴海通りは、都心から一直線に東京湾岸に向かう初めての大道だったのである。

しかし昭和十三年七月、万国博覧会は事実上の中止と決まる。前年七月に始まった大陸の戦火は拡大し、戦闘終結の見通しはまったく立たなかった。

中止された万国博覧会は、昭和十五年の三月から八月まで開催が予定されていた。そのなかで完成した博覧会関連施設というべきものが、二つだけあった。ひとつが博覧会事務所庁舎で、もうひとつが勝鬨橋だった。勝鬨橋は、博覧会中止決定後も工事が進められ、昭和十五年六月に開通している。設置当初は隅田川を上下する水運もあって、一日に五回跳開した。橋上中央部分には、東京市電の軌道が敷設されていた。海軍経理学校を右手に眺めつつ勝鬨橋を渡った電車は、月島通り（現清澄通り）で左に折れ、佃島《つくだじま》から相生橋《あいおいばし》を経て門前仲町方面に接続していた。

「疎開」の道路風景

開戦から半年あまりが経過した昭和十七年（一九四二）八月から翌昭和十八年六月にかけて、東京市は「大東京整備計画」を策定している。昭和十七年八月といえば、すでに前月のミッドウェー海戦で大敗北を喫しており、前途に暗雲が漂い始めていた時期だが、海戦の実相については、一般国民はもとより、大元帥たる昭和天皇にも伏せられていた。したがって、「大東京整備計画」に暗い影は見られず、ただただ「大理想」が、空々しい文句とともに、以下のごとく高らかに謳われていた。

「高遠ナル肇国ノ大理想実現ニ邁進《まいしん》シツツアル我国ハ今ヤ大東亜ノ指導国タルノミナラズ、世界ノ政治、経済、産業、学術、文化、交通ノ中心地タラムトス。大東亜整備計画ハ斯《かか》ル皇国ノ地位ト使命トニ鑑ミ国土計画及地方計画ノ見地ニ立脚シ神国日本ノ首都トシテ高度国防国家ノ首都トシテ将又《はたまた》大東亜ノ指導国ノ首都トシテ之ニ必要ナル諸施設ノ拡充、改善、整備ヲ図リ以テ内容外観共ニ完備セル皇都ヲ構築セムトスルモノナリ」

この整備計画では、区域・人口・土地・文化計画・厚生計画・産業計画・交通計画・防空計画についての方針を示しており、交通計画については、道路計画・鉄道軌道地下鉄道計画・飛行場計画・港湾臨港施設計画・運河計画を挙げていた。道路計画のなかには、ドイツのアウトバーンに範をとったものだろうか、「自動車専用道路」の記述が目新しい。

防空計画の項目では、「道路、広場、緑地等ノ造成及建築物ノ移設、分散ニ依リ市街地ノ疎開ヲ図ルト共ニ建築物ノ強化ト既存空地ノ確保ニ力《つと》メ且《かつ》上水道ノ整備拡充ト相俟《あいま》チ特殊防火用水利ノ施設ヲ為スモノトス」として、緑地計画・空地計画・防火帯計画・防火用特殊水利施設計画を論じた。ただ、全体的には高邁な理想が謳われただけで、具体論には乏しかった。

そうしているうちにも戦局は悪化の一途をたどり、昭和十八年末には最前線が日本の委任統治領だったマリアナ諸島中部まで迫ってきていた。このままマリアナ諸島を失陥すると、東京への大規模空襲が現実のものとなる。こうした状況を受けた昭和十八年半ば、東京都は、「決戦非常措置」を発動。細々と継続してきた都市計画事業をはじめ、街路、河川、運河、上下水道、公園といった社会資本（インフラ）整備事業は軒並み停止された。年度当初の計画通り執行されたのは、「疎開計画（建築物疎開）」「帝都復興計画」「都市農業地域ニ関スル調査」といった、戦争に直接関係したごくわずかな事業にかぎられた。それにしても本格空襲前に「帝都復興計画」が練られていたことは驚嘆に値する。当時の文書をひもとくと、「帝都復興計画」には、「空襲ニ因ル帝都罹災《りさい》地ノ緊急復興ヲ実現セシムル為予《あらかじ》メ其ノ基本計画ヲ樹立シ置クモノトス」と記されていた。とはいえ、具体策は存在しなかった。

昭和十八年十二月に閣議決定された「都市疎開実施要綱」では、「帝都其ノ他ノ重要都市ニ付強力ナル防空都市ヲ構成スル如ク人員、施設及建築物ノ疎開ヲ実施ス」という方針が示され、以後疎開に関する計画が急速に具体化する。昭和十九年一月の内務省告示では、東京都区部と名古屋市に疎開空地等が指定されている。これは日本初の試みである。

その後東京では、昭和十九年一月二十六日の一次指定から同年五月四日まで、四次にわたり、疎開地区が指定された。内訳は、疎開空地帯（防火帯）が五六ヶ所で延べ一〇万七七二メートル、総面積は一六七万七七七〇坪。防火帯の幅は五〇〜一〇〇メートル。内訳は、東海道本線などの「重要鉄道沿線」が一四ヶ所、河川の岸辺が一二ヶ所、その他市街地が三〇ヶ所。「重要施設疎開空地」（重要工場付近広場）が二八ヶ所、二四万七九八五坪、「交通疎開空地」（主要駅付近広場・道路）が省線京浜線（現京浜東北線の南側）・山手線・東北線・常磐線・東急京浜線（現京急線）の一四駅二一ヶ所、三万四三八〇坪、疎開小空地が二五二ヶ所などとなっている。

アメリカ軍が空襲前に撮影した空中写真を見ると、いま上野郵便局のある上野の山手線沿いから、浅草の花屋敷（戦時中は閉園していた）までの東西方向の通り（疎開にちなんだ「親疎《しんそ》通り」という愛称が近年つけられた）や四ツ目通り、神田川沿い、新橋駅西口、蒲田周辺などで建物疎開が実施されたことが確認できる（一三四・一三五ページ参照）。昭和十九年五月下旬から七月末までに、町会・隣組のほか軍隊・消防団・警防団・学徒、大相撲力士などの動員で、五万五〇〇〇戸の家屋が取り壊された。疎開跡地の多くは食料確保のため、戦時農園に提供され、開墾された。

交通疎開空地については、新宿駅、高田馬場駅、池袋駅、渋谷駅など一四駅が対象とされたが、戦後その大部分は闇市がびっしり建ち並び、その後ふたたび広場とするために膨大な時間と手間と金銭的対価を必要とした。

東京の建物疎開地は、ほとんど戦後都市計画に生かされなかった。終戦後、収公した防火帯を計画道路用地に使用することをしないまま、もとの地主に返還したり、一部は土地占有者に渡すなどしてしまったからである。そのなかには、前に述べた環状二号線用地や玉川通り拡幅用地なども含まれる。再度拡幅工事に着手するためには、土地買収に天文学的な金額を必要とした。

浅草の建物疎開の跡
（台東区浅草付近、昭和 23 年）

↖池袋
根岸
鶯谷駅
下谷
言問通り
入谷
山手線
仲入谷
上野公園
国立博物館
(現東京国立博物館)
駒形中学校前
東京科学博物館
(現国立科学博物館)
松が谷二丁目
昭和通り
清洲橋通り
上野駅
東上野
浅草通り
稲荷町

「オリンピック道路」

東京オリンピックにあわせて急いで整備された道路は「オリンピック道路」と俗称された。オリンピック道路には、首都高速道路だけでなく、一般道も含まれていた。とくに重要視されたのが放射四号線（青山通りと玉川通り）と環状七号線。放射四号線は、選手村や都心の会場と駒沢総合競技場を結ぶ道路として、また環状七号線は、羽田空港と各会場へのアクセスや戸田漕艇場を結ぶ路線として重視されたのである。

このころの青山通りは、中央に都電の複線軌道が敷設されていたため、片側一車線分しかない狭い道路だった。オリンピック招致を契機に、起点の三宅坂《みやけざか》から終点の渋谷駅東口までの区間で、それまでの幅員二二メートルを四〇メートルへと倍増させる大規模な拡幅工事が実施されている。「青山通り」という名称が生まれたのも、昭和三十七年（一九六二）。オリンピックの拡幅事業開始後だった（一三八〜一四一ページ参照）。

玉川通りは青山通りからつづく大山街道の一部だが、選手村に充てられた代々木のワシントンハイツ跡（戦前の代々木練兵場）と駒沢総合運動場（現駒沢オリンピック公園）を結ぶために大々的に整備された。ここは単なる拡幅工事とは異なり、いたるところで新道が開削されて直線化されている。玉川通りの旧道中央には、玉電という名で親しまれた東急玉川線が昭和四十四年まで走っていたが、東急線は地下化され、現在の玉川通りの中央部は、首都高速三号線が縦貫している。

環七通りは戦前から計画されていた都市計画道路のひとつだが、東京国際空港（羽田）と駒沢総合運動場・戸田漕艇場を結ぶ主要道路となることから、空港最寄りの平和島と隅田川の新神谷橋《しんかみやばし》（北区・足立区境）までの区間で突貫工事が行われ、オリンピックまでに完成している。立体交差を多用した画期的な道路だった。

目白通りについては、ボクシング会場となった都心部の後楽園と、当初選手村が予定され、オリンピックの射撃会場として使用されたキャンプ・ドレイク（現自衛隊朝霞《あさか》駐屯地など）を結ぶ幹線として拡幅された。目白通りと接続する笹目通りは、戸田漕艇場に直結する道路として新しく開かれた道路である。

激増する自動車台数とオリンピック開催という必要に迫られて事業展開した当初の首都高速道路は、予算の制約もあって、車線設計にしろ、路線選択にしろ、場当たり的で、泥縄《どろなわ》というか、対症療法の域を出なかった。用地取得の障害を減らし、事業期

オリンピック道路 三宅坂から青山通り
（千代田区永田町付近、昭和 38 年）

上智大学
司法研修所
（旧行政裁判所）
紀尾井町
清水谷公園
ホテル
ニューオータニ
（伏見宮邸跡に建設中）
赤坂プリンスホテル
立体交差も首都
高もない赤坂見
附交差点
外堀通り
赤坂離宮
弁慶濠
衆議院
議長公邸
外堀通り
青山通り
豊川稲荷
ホテル
ニュージャ

オリンピック道路 三宅坂から青山通り

（千代田区永田町付近、平成 21 年）

文藝春秋
紀尾井町
ホテル
ニューオータニ
外堀通り
赤坂御用地
弁慶濠
安全ビル
衆議院
議長公邸
赤坂エクセル
ホテル東急
豊川稲荷
青山通り
外堀通り
プルデンシャル
タワー

オリンピック道路　渋谷から駒沢
（渋谷区南平台付近、昭和 38 年）

松濤二丁目
京王井の頭線
神泉町
神泉駅
山手通りの別線
を建設中
松見坂
神泉町
玉川通り
玉川通りを拡幅
工事中。玉電も
見える
東急玉川線
大橋車庫
国鉄職員宿舎
西郷従道邸
(明治村に移築
目黒川
山手通り
大橋ジャンク
ションができる
場所

オリンピック道路　渋谷から駒沢
（渋谷区南平台付近、平成 21 年）

京王井の頭線
松濤二丁目
神泉町
神泉駅
松見坂
現在の玉川通りの上と山手通りの地下には首都高が走る
神泉町
大橋ジャンクション
菅刈公園
目黒川
山手通り

間の短縮をはかるため、都心の既存道路や公有地、河川・掘割上を通過する高架式や地下式で建設されたのもそのひとつである。日本国道路元標のある日本橋の真上を高速道路の高架橋が横切ることについては、当初から批判があったが、計画どおり建設が進められたのも、東京オリンピックというスケジュールが区切られていたことが大きかった。

日本橋を跨ぐ高架の架橋は、約二〇〇人が見守るなか、昭和三十八年四月十一日の深夜に行われた。この区間の首都高速が開通したのは同年十二月二十一日。オリンピック開会が約十ヶ月後に迫っていた。それでもここはましな方で、オリンピック開催三ヶ月前の昭和三十九年八月二日には、オリンピック道路の骨格となる一五・三キロがようやく開通し、開催九日前の十月一日に最後の二・七キロが開通する慌ただしさだった。もっとも、同じくオリンピックに合わせて工事が進められた東京モノレールの営業開始が九月十七日、東海道新幹線開業が十月一日だったから、首都高速だけを責めるわけにもいかないだろう。

オリンピック開催に間に合わせた首都高速道路は総延長三一・五キロにおよんだが、内実は、オリンピック関連施設を線で結んだだけの脆弱《ぜいじゃく》な交通網に過ぎなかった。

都内に残る水道道路

それほど広くない道路にもかかわらず、どこまでも一直線に延びる道路が東京には時折ある。その成因を調べてゆくと、「水道」に行きつくことが少なくない。井ノ頭通りもその大部分が「水道道路」ときけば驚くだろう。

東京に近代的な水道が敷かれたのは、構想から十年以上経た明治三十一年（一八九八）である。最初の東京市水道は、玉川上水の和田《わだ》堀《ほり》内《のうち》村和泉《いずみ》（杉並区の和泉給水場付近）から淀橋町角筈《つのはず》（今の西新宿）まで一直線に新水路を掘削して、新設した「淀橋浄水工場」（淀橋浄水場）で原水を濾過・消毒したうえ、東京市一円に配水する仕組みだった。代田橋から淀橋浄水場までは、低湿地を避けて南に迂回していた従来の玉川上水に代え、直線状の新水路が整備された。この新水路は、関東大震災時に決壊して断水したことなどから、拡幅した甲州街道下に新しい導水管が埋設されることになり、昭和十年代に埋め立てられた。「水道道路」という通り名が、かつての上水路だったことをしのばせる（一五二・一五三ページ参照）。

東京の急速な発展は、多摩川から直接取水する水道だけではすぐに追いつかなくなった。夏場の最多需要期、配水管の末端では断水や水圧低下が頻繁に発生していたのだ。こうして構想されたのが、貯水池の建設である。途中に貯水池を設けることで、年間を通して安定的給水をはかることを考えたのである。

大正十三年（一九二四）に完成したのが、のちの村山貯水池である。このとき、羽《は》村《むら》取水堰《しゅすいぜき》と村山貯水池を結ぶ羽村村山線（羽村取水堰～村山貯水池）、村山貯水池と境《さかい》浄水場（新設）を結ぶ村山境線（村山貯水池～境浄水場）、境浄水場と和田堀浄水池（現杉並区の和田堀給水所）を結ぶ境和田堀線（境浄水場～和田堀浄水池）の導水路も同時に建設されている。大部分は遊歩道や緑道となって残り、特徴ある直線道路となっているのだ。

境浄水場から先の導水管は、井ノ頭通りの下を通って都心に延びている。この区間の井ノ頭通りは、導水路の埋設用地を道路に転用したもので、当初はここも水道道路と呼ばれていた。大正時代の地形図には、のちの井ノ頭通りの部分には水道管を示す点線が描かれ、そこには「東京水道」と記されている。

昭和初期までの東京市は、都心部のみを市域としていた。渋谷・新宿・池袋の各駅すら、市外だったのである。しかし関東大震災後の東京の急激な膨張は、周辺の郡部にも人口の急増をもたらし、それらの町村でも水道開設の要望が強まってきた。こうして大正から昭和にかけて、町営や会社などによる独自の水道事業が続々と産声を上げた。この時期、東京府下における水道の数は一三を数えたという。このなかには、多摩川を水源とした、品川町・大森町・蒲田町（以上荏原《えばら》郡。現品川区・大田区）など一四町村に給水する玉川水道株式会社、豊多摩《とよたま》郡渋谷町（現渋谷区）などに給水する渋谷町水道、王子町・巣鴨町・板橋町（以上北豊島郡。現北区・板橋区）・落合町・野方町・杉並町（以上豊多摩郡。現新宿区・杉並区・中野区）など一三町に給水する荒玉《あらたま》水道町村組合、江戸川を水源とし、隅田町・寺島町・亀戸町・砂町（以上南葛飾郡。現墨田区・江東区）・南千住町・尾久町（以上北豊島郡。現荒川区）など一二町に給水する江戸川上水町村組合などがあった。

導水路上の道は、今も地元で水道道あるいは水道道路という名で親しまれているところが多い。水道道路の特徴は、一般の道路に干渉されることなく、平坦地に直線状に敷かれていることである。そのため途中には五叉路以上の交差点が頻出する。地図を見れば一目瞭然だ。

大型で重い自動車が通ると埋設された水道管を傷めるので、通行できる車両の幅を制限し、物理的に大型車の進入を防いでいる。" 水道道路 " ならではの工夫。

たとえば、砧《きぬた》浄水場から高円寺陸橋あたりまで一直線に延びる荒玉水道道路（都道四二八号高円寺砧浄水場線）。あるいは金町浄水場から亀戸天神の南にある亀戸給水所まで南西に延びる一本の細道。これは江戸川上水町村組合が建設した導水路上の道で、地元で水道道と呼ばれている。昭和三十年代の地図まではっきりと中川と荒川放水路を渡る水道橋が記載されている。また、砧下浄水場から北東に延びる水道道路は、岡本民家園を経て桜新町まで延び、駒沢配水塔を経て、三軒茶屋駅近くまではっきりとした痕跡を見せている。この細道は、渋谷町水道の名残である。

砧付近の荒玉水道道路。仙川を渡る箇所では、埋設された水道管が姿を現し、水管橋として川を越える。水道管は厳重にフェンスで保護されている。

ずいぶん古びているが、４トン車以上の通行を制限する東京都水道局の看板がいたるところにある。水道管が埋設されているなによりの証だ。

砧浄水場近く。道路両脇に橋梁の親柱のような石柱が立ち、「水道局用地」と刻まれている。もともと水道用地として買収された経緯を物語る遺跡でもある。

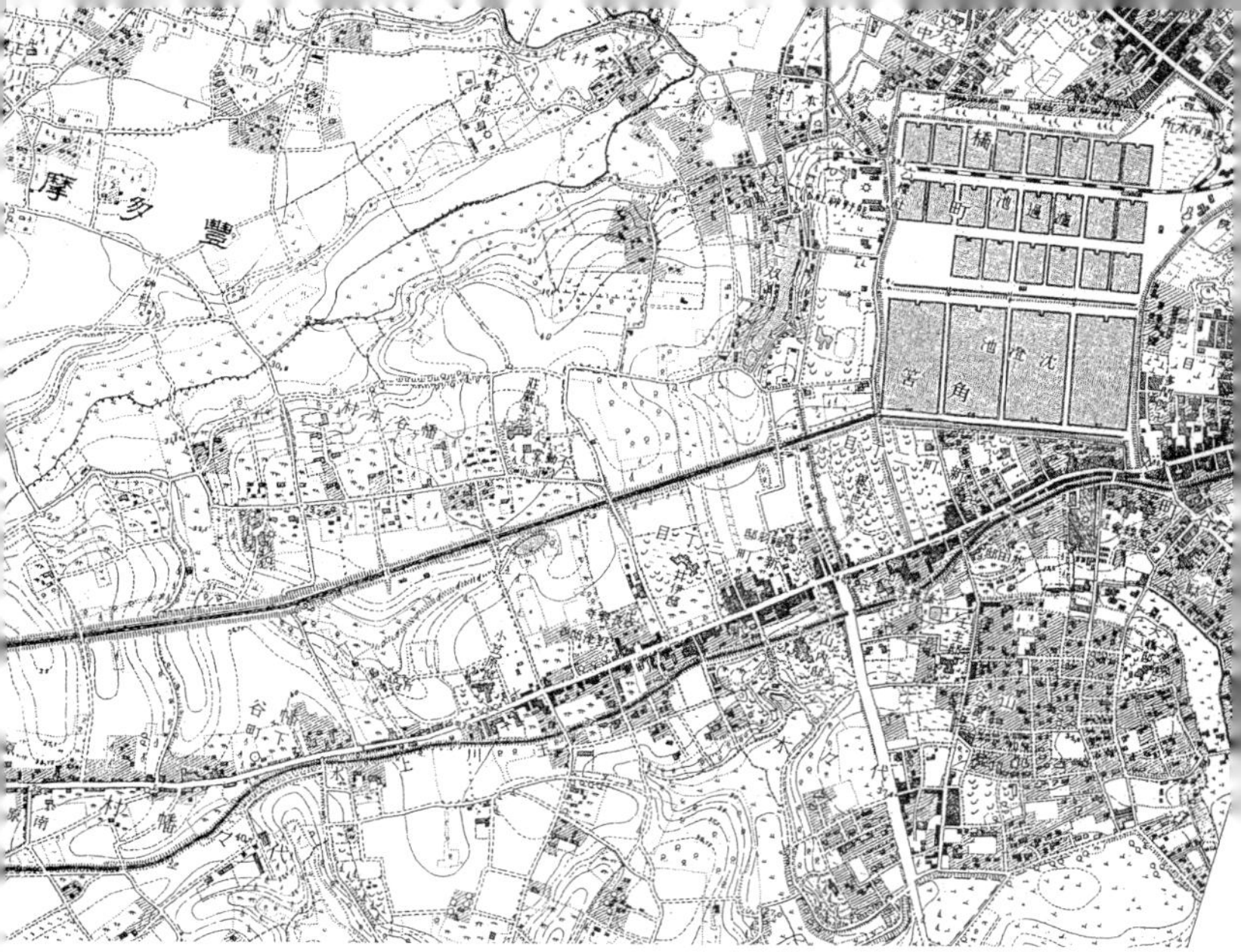

浄水場は「戦時改描」で公園のように描かれている
京王電気軌道が開業し、沿線の宅地化も進行中

「新上水」の道路化

（1/10000　中野　上＝明治 42 年測図、下＝昭和 12 年修正　× 0.5）

「新上水」とは「玉川上水新水路」ともいう

昭和 12 年に新上水は廃止され、道路に転用された

野方配水塔
荒玉水道
かつての淀橋
浄水場
和泉給水所
和田堀給水所
渋谷町水道
駒沢配水塔

荒玉水道道路と東京水道

（1／50000　東京西北部　平成15年修正
東京西南部　平成7年修正　×0.75）

善福寺川
大宮八幡宮
方南通り
荒玉水道道路
井ノ頭通り
荒玉水道
永福町駅
あらゆる道路を無視して水道道路は一直線に引かれている
渋谷

荒玉水道道路と東京水道

（杉並区永福町付近、平成 21 年）

おわりに

道路とは、あるいは都市計画とは、難しいものだとつくづく思う。道路の新規造成といっても、いまの東京に無用途地は存在しない。住宅にしろ、田畑にしろ、現在使われている場所を道路にしなければならないのだ。かといって、自動車の通行を制限せずに道路整備もしないとなれば、あぜ道をそのまま舗装した程度の貧弱な道路に自動車が充満する事態となる。

それでは、道路の新規造成に諸手を挙げて賛同できるかといえば、全面的には首肯できないのだ。数十年前に立案された道路計画を元に、いまだに都心部の住宅が壊されつづけている現況を見ると、これでいいのかという思いを払拭できずにいる。

結局、土地は誰のものかという問題に行きつくのかもしれない。道路公団や鉄道会社の社史を見ると、用地買収に多くのページを割いている。私たちは、事業着手前と完成後の姿しか見ることはないが、じつはその過程こそが一番大変なのである。当たり前だが、そのことを忘れてはならないと思う。

都市計画とは、現在の暮らしと未来の暮らしとを天秤にかけているともいえる。

◉おもな参考文献
東京市区改正委員会『東京市改正事業誌』一九一九
東京市『都市計画街路と土地区画整理』一九三三
東京市『東京都市計画概要』一九三七
東京市『東京市道路誌』一九三九
東京都『東京都戦災誌』一九五三
東京都『都政十年史』一九五四
東京都『建設のあゆみ』一九六〇
都政調査会『都市計画と東京都』一九六〇
東京都『東京都都市計画概要　一九六二年版』一九六二
首都高速道路公団『首都高速道路公団二〇年史』一九七九
東京都『甦った東京――東京都戦災復興土地区画整理事業誌』一九八七
首都高速道路公団『首都高速道路公団三〇年史』一九八九
藤森照信『明治の東京計画』岩波書店　一九九〇
堀江興『東京の幹線道路形成に関する史的研究』一九九〇
石田頼房／編『未完の東京計画』筑摩書房　一九九二
堀江興「東京都市高速道路外郭環状線計画構想から決定に至るまでの経緯の研究」(『都市計画論文集三四号』所収) 一九九九
越澤明『東京都市計画物語』筑摩書房　二〇〇一
越澤明『復興計画』中央公論新社　二〇〇五
中島直人ほか『都市計画家石川栄耀』鹿島出版会　二〇〇九
『首都高をゆく』イカロス出版　二〇〇九
清水草一『首都高速の謎』扶桑社　二〇一一
初田香成『都市の戦後』東京大学出版会　二〇一一
越澤明『後藤新平』筑摩書房　二〇一一

著　者

竹内正浩（たけうち・まさひろ）
1963年、愛知県生まれ。1985年、北海道大学卒業。JTBで20年近く旅行雑誌『旅』などの編集に携わり、各地を取材。退社後、地図や近代史研究をライフワークとするフリーライターに。
おもな著書『地図と愉しむ東京歴史散歩』『地図と愉しむ東京歴史散歩　都心の謎篇』（以上、中央公論新社）、『江戸・東京の「謎」を歩く』（祥伝社）、『鉄道と日本軍』『軍事遺産を歩く』（以上、筑摩書房）、『地図だけが知っている日本100年の変貌』（小学館）、『日本の珍地名』『地図もウソをつく』『戦争遺産探訪』『黄金世代の旅行術』（以上、文藝春秋）、『家系図で読みとく戦国名将物語』（講談社）など。

じっぴコンパクト新書　146

JIPPI Compact

カラー版《ばん》
空《そら》から見《み》える東京《とうきょう》の道《みち》と街《まち》づくり

2013年3月25日　初版第1刷発行

著　者……………竹内正浩
発行者……………村山秀夫
発行所……………実業之日本社
〒104-8233　東京都中央区京橋3-7-5 京橋スクエア
電話（編集）03-3535-2393
　　（販売）03-3535-4441
http://www.j-n.co.jp/
印刷所……………大日本印刷
製本所……………ブックアート

ISBN 978-4-408-10984-8（学芸）